성적 올리는
방과후 수업
200% ———
활용하는 비법

공부습관 잡고 공부머리 만드는
**성적 올리는 방과후 수업
200% 활용하는 비법**

초 판 1쇄   2020년 10월 13일

지은이 곽경빈
펴낸이 류종렬

펴낸곳 미다스북스
총괄실장 명상완
책임편집 이다경
책임진행 박새연 김가영 신은서 임종익
본문교정 최은혜 강윤희 정은희 정필례

등록 2001년 3월 21일 제2001-000040호
주소 서울시 마포구 양화로 133 서교타워 711호
전화 02) 322-7802~3
팩스 02) 6007-1845
블로그 http://blog.naver.com/midasbooks
전자주소 midasbooks@hanmail.net
페이스북 https://www.facebook.com/midasbooks425

© 곽경빈, 미다스북스 2020, *Printed in Korea*.

ISBN 978-89-6637-859-3 03590

값 15,000원

미다스북스는 다음세대에게 필요한 지혜와 교양을 생각합니다.

공부습관 잡고 공부머리 만드는

성적 올리는 방과후 수업 200% 활용하는 비법

곽경빈 지음

미다스북스

프롤로그

방과후 수업을 해야 하는 이유는?

우리는 결혼이라는 것을 시작하고 나서 혼자가 아닌 둘의 생활에 적응하느라 바쁘다. 그리고 나의 가족이 아닌 그의 가족까지 내 가족으로 받아들이는 데 많은 에너지를 쏟게 된다. 이렇게 결혼이란 제도는 두 가정의 합일을 의미하기도 한다. 그리고 이 두 사람은 둘만의 3번째 가정을 또 만들어낸다.

이렇게 만들어진 새로운 가정 속에서 나는 자녀를 위해 최선을 다하게 됐다. 나의 부모가 나를 위해 가장 좋은 것을 먹이고, 입히고, 보살펴주었듯이, 나도 내 아이를 위해 가장 좋은 먹거리와 환경과 교육을 주기 위해 최선을 다하고 있다.

누구라도 가장 치중하게 되는 부분이 자녀 교육이다. 어떤 부모는 아이가 첫 돌이 되기 전부터 학습지나 방문 교사를 부르기도 하며, 교육에 조금 더 적극적인 부모는 태교 수업을 하기도 한다. 이렇게 해서 태교 여행이라는 여행 상품도 생겨난 것이다.

전 세계에서 자녀 교육에 전 재산을 걸고, 부모의 온 마음을 다해서 온 정성을 다하는 민족은 아마 대한민국뿐이지 않나 싶다. 하지만 무조건 비용이 많이 드는 교육이나 여행이라고 해서 그것이 정말 아이를 위한 방법이 될까? 큰돈을 들이지 않고서도 아이를 위해 할 수 있는 효과적인 교육 방법은 무수히 많다. 이런 효율적인 방법을 모르는 부모님들을 위해서 나는 유익한 자녀 교육 방법에 관한 책을 쓰게 되었다.

전 세계 0.2%에 불과한 유대인들이 역대 노벨상 수상자의 22%를 배출했으며, 전 세계 부자의 20%를 차지하고 있다는 것은 누구나 아는 사실이다. 그들의 자녀 교육 방법이 학원이나 과외가 아니라 부모와의 친밀한 하브루타 수업이라는 것을 알게 되자 우리나라에도 수많은 하브루타 학원이 생겨나기 시작했다. 그러나 이렇게 아이를 토론 학원에 보낼 필요는 없다. 당신의 아이와 함께 탈무드를 읽거나, 이솝우화를 이야기하거나, 우리나라 전래동화도 좋다. 무엇이든 자녀와 함께 이야기를 나누며 서로간의 의견을 나누는 것이 하브루타 교육이다.

아이와 함께 매일 이야기를 나눌 시간이 부족하다면, 아이가 다니는 학교의 방과후 수업 가운데 독서 논술, 독서 토론 수업으로도 하브루타 수업이 가능하기 때문이다. 독서가 자녀 교육에 가장 중요하다는 사실은 모두가 알고 있지만, 나처럼 아이의 독서를 매일 체크하는 것이 어려운 부모님이 많다. 그래서 적극 권장하는 수업이 방과후 독서 논술, 방과후 독서 토론이다. 또한 교과서를 낭독하거나, 교과서를 미리 읽어보는 것으로도 충분히 훌륭한 선행 학습이 되므로 부모님은 아이들의 신학기에 새로운 교과서에도 관심을 가져주어야 한다. 아이를 위한 이런 관심으로 아이는 사랑받고 있다는 충분한 느낌과 부모님의 애정을 느낄 수 있다.

자국의 영토가 작고 국민의 인구가 적은 유대인 못지않게, 한국인들도 비슷한 어려운 여건 속에서 빠르게 성공한 민족이다. 이것이 우리나라 부모들이 자녀 교육에 열정을 쏟는 이유이며, 성공한 이유이기도 하다. 유대인, 한국인 모두 자녀 교육에 열심이며, 미래를 위해서는 사람에 투자해야 함을 알고 있는 현명한 사람들이다.

그래서 나는 아이를 위한 좋은 롤 모델이 되기 위해서 공부를 시작했고, 지금도 끊임없이 자기계발을 하고 있다. 방과후 학교 지도사, 코딩 지도사, 타로 심리상담사1급, 부모 교육상담사1급을 보유하고 있다. 현재도 SW미래채움 강사 수업을 이수받는 중이며, 이후로는 심리상담사 자격증에 도전할 계획이 있다. 수많은 자격증을 따면서 관련 회사를 다니고 있는 것이 자기계발의 끝은 아니라고 본다. 나는 그래서 내가 읽고 감동 받은 책으로 나와 내 가족이 변화되었던 것만큼 나의 책을 만들어 나와 똑같이 행복한 미래를 맞이할 가정들을 상상해보았다.

그리고 책을 쓰는 수업을 찾게 되었다. 그 답은 서점에서 아주 쉽게 나왔다. 서점에 있던 많은 베스트셀러 작가들의 스승인 김태광 대표님을 알게 되었고, '한책협'이라는 카페에 등록하여 나는 울산에서 서울까지 매주 오가며 책 쓰기 수업을 위해 휴일 없이 공부에 매진하였다. 베스트셀러 작가들의 스승님답게 수업도 남다르고, 진행 속도도 빠르며, 성과로서 증명하는 분이었다. 이렇게 나의 책도 그분의 도움으로 세상의 빛을 보게 된 것이다.

내가 평범한 부모의 자리에서 작가가 되고, 컨설턴트하는 코치가 되어 강연까지 할 수 있는 사람이 된 것은 모두 김태광 대표님의 덕분이다. 이 자리를 빌려 다시 한 번 대표님께 감사 인사를 드린다. 아이를 키우는 게 힘들고, 어떻게 돌봐야 할지 고민이 된다면, 나의 카페, 블로그, 유튜브 등 어디든지 문의를 남겨도 좋다. 성심성의껏 답변을 드리는 데 최선을 다할 것이다.

목차

1장

사교육,

계속해야

할까요?

2장

방과후 수업으로
아이의 공부 습관
잡아주기

3장

방과후 수업으로
복습의 힘
키우기

4장

방과후 수업

200%

활용하는 법

5장

방과후 수업으로도

SKY대학

갈 수 있다

사교육,

계속해야

할까요?

1

사교육,
계속해야 할까요?

내 아이의 사교육에 목숨 걸지 맙시다

현대 사회는 날이 갈수록 출산율이 떨어져 아이들이 줄어들고 있다. 학교의 학생 수가 줄어드는 것도 마찬가지다. 하지만 한국 내에서 줄어들지 않는 것이 있으니 그것은 바로 사교육이다. 사교육과 함께 아이들 관련 방송도 꾸준히 늘고 있다. KBS 〈슈퍼맨이 돌아왔다〉는 육아 관련 최장수 프로그램이며, 최근 채널A 〈금쪽같은 내 새끼〉와 MBC 〈공부가 머니?〉의 인기도 나날이 오르고 있다.

그중 MBC 〈공부가 머니?〉에 대한 이야기를 하려고 한다. 이 프로그램의 파일럿 방송이 시작되자 전국의 학부모들과 교육 관계자들은 프로그램에 대해 수많은 관심과 함께 질타를 주기 시작했다. MBC 방송국은 이 또한 시청율과 애정의 표현으로 생각하고 〈공부가 머니?〉 프로그램을 정규 편성했다.

하나의 예를 들어본다.

배우 임호의 자녀들이 방송에 나왔을 당시 그의 배우자이자 아이들의 엄마는 열심히 자녀 셋을 독박 육아하느라 정신이 없었다. 잘 키워보겠다는 일념 하나로 아이 셋의 학원과 사교육비로 다달이 수백만 원의 비용이 나가고 있었다. 엄마 혼자 아이 셋을 일일이 가르치고 코칭하느라 몸과 마음이 모두 지쳐 있었다.

그러던 중 MBC 〈공부가 머니?〉 프로그램에서 너무 많은 사교육은 필요가 없으니 어느 정도는 그만두고 홈스쿨링으로 케어 가능하다고 코칭을 받게 된다. 그녀는 비용적인 절감도 고맙지만, 아이들의 성향에 맞춰진 학습 프로그램과 전문가가 알려준 비법서를 가장 고마워했다. 그리고 엄마에게만 알려준 홈스쿨링 비법서에 가장 감사해하며, 다른 엄마들에게 알려주기 싫고 혼자만 간직하겠다고 너스레를 떨었다. 문제는 방송을 본 이후 전국의 많은 엄마들이 그 비법서를 알기 위해 고군분투했다는 것과 지금까지 자녀를 돌보던 것에 그 비법서가 더해져서 아이들의 숙제가 더 가중되었다는 것이다. 방송의 취지는 사교육을 줄이자는 것이지만, 이것을 계기로 사교육을 줄이는 것이 아니라 문제집과 학습지 회사의 협찬만 늘어나는 것이 아닌지 의문이 생겼다. MBC 〈공부가 머니?〉라는 방송에서 아이 셋의 엄마가 아이들에게 하던 교육은 스파르타식으로 매일 할당량의 숙제 검사뿐이라서 정말 안타까웠다. 공부를 버거워하고 하기 싫어하는 아이들과 그 아이 셋을 혼자 감당하는 엄마도 너무나 힘들어 보였다. 아이들의 공부나 학습의 최종 목표는 엄마가 알다시피 한두 달 안에 마치는 시험이 아니다. 유치원(5세부터 다닌다면) 3년, 초등 6년 중학교와 고등학교까지 6년 그리고 대학 4년과 대학원 2년을 기준으로 생각해보자. 대략 21년 동안 아이가 견디고 이겨내야 할 공부이다. 이 시간 동안 아이가 지겹도록 하기 싫은 일이 되도록 할 것인가, 아니면 조금 더 즐겁고 신나게 하고 싶은 일이 될 것인가는 시작하는 단계인 어릴 적의 기억으로 가장 많이 좌우될 것이다.

나는 우리 아이가 4살이 되어 학습지를 시작했다. 주변에서는 유치원도 안 간 아이가 무슨 학습지냐면서 너무 빠르다는 둥, 엄마가 유난이라는 둥 많은 질타를 들었지만, 그것은 모두 내 의도를 모르는 남들의 타박일 뿐이었다. 나는 맞벌이 엄마라서 아이가 어린이집에 아침 8시부터 저녁 6시까지 있어야만 했다. 어린이집의 일상은 대부분 오후 3시 반에서

4시면 마친다. 아이의 친구들은 하나둘씩 엄마의 손을 잡고 귀가하게 된다. 혼자 남은 아이는 원장님께서 남아 돌봐주었다. 하지만 원장님도 나머지 시간 동안 해야 할 일이 있기에 내 아이만 오롯이 봐주실 수 없었다. 그래서 생각해낸 방법이 방문 수업을 하는 유아용 학습지였다. 어린이집 원장님의 허락하에 우리 아이는 남아 있는 시간에 학습지 선생님을 만나 노는 것이다. 4살 아이에게 나는 공부를 목적으로 시작한 것이 아니라 학습지 선생님과 단둘이 노는 시간을 만들어주고 싶었던 것이다. 아이는 다행히 그 1년 동안 학습지 선생님과의 시간을 너무 즐겁고 재밌는 시간이었다고 추억하고 있었다.

내가 말하고자 하는 요점은 이렇게 아이의 상황과 성향에 맞는 공부와 놀이는 엄마가 가장 잘 안다는 것이다. 학습과 놀이 중에서 나는 항상 학습을 놀이처럼 즐기면서 배우면 공부 습관도 쉽게 잡힐 거라는 고민을 했다. 아이의 첫 번째 학습지 또한 재미있게 놀게 하는 개념으로 아이에게 적응시켰다.

영재는 키워지는 것이다

나는 SBS 〈영재발굴단〉을 너무 좋아했다. 방송이 끝난 것이 안타까울 정도이다. SBS 〈영재발굴단〉 200회에 출연했던 배우 박호산의 자녀 박단우 군을 소개하고 싶다. 〈영재발굴단〉에서는 방송 당시 6살인 단우 군의 영어 실력이 어느 정도인지를 알아보았다. 단우 군은 만 4살에 이미 영어로 이야기를 만들어 이야기했다고 한다. 영어 교육 전문가 문단열 씨는 절대 공부로 해선 나올 수 없는 실력이라며 한국에서 볼 수 없는 영재라고 말했다. 원어민이자 영어 전문가인 크리스 존슨 역시 단우 군이 가진 영어 어휘력이 놀라운 수준이고, 영어로 이야기를 만드는 창의력과 상상력이 뛰어나다고 봤다. 여기서 놀라운 점은 단우 군이 사교육을 일절 받은 적 없이 엄마의 책 읽기로만 키워졌다는 사실이다. 단우의 엄마는 한글책 5권과 영어책 5권을 매일 읽어주기만 했다. 이렇게 사교육 없이 아이를 성공적으로 키워가는 부모의 모습은 나에게 좋은 동기부여가 되었다. 영재나 수재는 어떤 특별한 부모 아래서 태어난 것이 아니고, 고가의 교육을 받지 않는다는 것을 보여주는 점이 가장 좋았다. 평범한 가정 안에서도 스스로 본인의 꿈을 찾고 따라가다 보면 영재나 수재가 될 수 있다.

아직 꿈이라는 것을 잘 모르는 나의 첫째 딸은 초등학교 방과후 수업 중에 댄스를 가장 좋아한다. 방과후 댄스 선생님이 유난히 예쁘고 늘씬하고 자상하기도 하지만 최근 아이들의 인기 유튜버 〈어썸하은〉의 하은 언니처럼 멋지게 춤을 추고 싶다는 꿈을 가졌기 때문이다. 〈어썸하은〉의 하은이는 3살 때 우울증에 빠진 엄마를 위로하고자 춤을 시작했다고 한다. 이후 춤에 재미를 느끼기 시작했으며 7~8살에는 전국을 누비는 방송인이자 유튜버로서 이미 성공적인 댄서가 되었다. 이런 하은이의 재능도 부모의 전폭적인 지원과 아이의 열정이 더해진 것이 아닌가 싶다. 춤을 좋아한다고 재능을 살려주는 것이 아니라 그런 건 취미로만 하라면서 못 하게 한다면 지금의 인기 유튜버 〈어썸하은〉은 없었을 것이다.

내 친구인 A엄마도 그렇다. 그녀의 딸은 나의 딸과 동갑이며 우리 아이처럼 가정 어린이집과 사립 유치원을 다니게 되었다. 그녀는 아기가 돌이 되기 전부터 내게 프뢰벨 '은물학습'을 권해왔다. 인기가 많은 수업이다 보니 미리 신청해두지 않으면 선생님이 방문하지 못한다는 것이다. 미리 선점하고 신청해야만 돌이 지나서 수업을 시작할 수 있다고 말이다. 하지만 나는 사교육은 반대하는 입장이다. 아직 걷지도 못하는 아기에게 무슨 교육인가? 그런 아기에게 가베로 숫자를 가르치고, '아야어여'를 가르친다고 아기가 수재가 되는가? 나는 아이에게 계단을 오르내리면서 숫자를 가르치고, 아이와 함께 〈뽀로로〉 영어만화를 보면서 영어에 노출시켰다. 숫자 교육은 내가 아는 한에서 한글 숫자와 영어 숫자를 번갈아 가르쳤다. 한글 교육은 7살이 되면 시작할 계획이었다. 아이들이 유치원에 입학하면서 기본적인 학습을 배우게 되었고, 드디어 그 아이들의 공부머리가 드러났다. A는 유치원 학습에서 너무나 뒤처지고 의욕을 보이지도 않았으며, 내 아이를 공부 잘하는 아이라며 부러움과 시샘을 부렸다. 사교육 계속해야 할까요? 아니, 안 해도 된다. 엄마표 학습으로도 충분히 아이의 공부머리는 키울 수 있다. 영재는 사교육으로 길러지는 것이 아니다. 학원이나 과외는 학교보다 빠른 진도로 부모의 불안을 증폭시킬 뿐이다. 학원은 시험만 잘 풀게 하는 족집게형 교육을 하고 있다. 게다가 학원 커리큘럼은 공부 잘하는 아이들 중심으로 짜여 있다. 내 아이의 스타일은 엄마가 가장 잘 알고 있으니 아이의 성장에 맞춰 엄마가 함께 공부하기를 적극 추천한다.

2 강요하는 공부가 아니라 스스로 공부하게 만들기

내가 배운 공부와 내가 가르칠 공부는 다르다

우리가 배웠던 과거의 수업은 대부분 암기식과 주입식 공부였다. 대다수가 예시 1~5번 중에서 선택하는 객관식 문제였으며, 주관식 문제도 최대한 단답형이었다. 이렇게 우리는 사고력 향상이나 서술형 인간이 되기는 어려웠다. 그래서 나는 공부와 관계없는 사람이라고 생각했으며, 어머니 역시 나의 학업에 그다지 중요성을 느끼지 못하신 듯했다. 생활고가 더 시급했으니 말이다. 나는 학원을 다니느라 바쁘고, 엄마표 과외를 받는 학교 친구들과 어울릴 수 없었다. 편모 밑에서 심심하게 책이나 혼자 보는 아이였기 때문이다. 혼자 하던 독서에서 나는 문득 깨달음을 얻었다. 성공한 사람들과 위인들은 모두 공부를 열심히 했고, 내가 배우고 읽은 책에서 알게 된 성공자들은 공부로 성공한 사람들이 많았다. 안데르센은 동화를 만드는 사람이었고, 신사임당과 세종대왕 역시 글을 쓰고 책을 많이 읽는 위인이었다. 게다가 이순신 장군은 전쟁 중에도 일기를 쓰실 만큼 글쓰기와 기록을 게을리하지 않는 대단한 위인이셨다.

그렇게 5학년이 되어 나는 공부에 대한 필요성을 스스로 자각하게 되었고, 엄마를 졸라 처음으로 동아전과를 사서 스스로 예습과 복습을 하며 성적 관리를 시작했다. 평균 90점이 넘는 우수상 받는 아이가 되자, 친구들은 저절로 생겨났다. 전교 부회장 친구도 내게 호감을 보였다. 시험 보는 시간 중 그 친구는 나에게 시험 답안을 보여달라고 하기도 했다. 그리고 나의 어려운 가정형편 따위는 잊은 듯했다. 난 높은 성적을 얻어 자존감과 자기효능감이 높아지고 더 열심히 공부하게 되었다. 하지만 먹고살기 어려운 어머니는 그 어려운 걸 해내는 딸의 수고를 모르고, 나의 상장에 김치 국물을 묻히셨다. 그건 정말 너무 큰 실망이었다.

당시 나보다 공부를 못했던 친구 집에 놀러갔을 때 그 친구의 노력상을 액자에 고이 모셔 거실 한가운데 걸어둔 것이 내심 부러웠기 때문이다. 나는 이것을 계기로 공부에 대한 열정이 식어버렸다. 그래도 기본을 갖춰두었더니, 공부에 매진하지 않아도 평균 80점 아래로 내려가진 않았다. 나는 아버지 없이 홀로된 엄마와 단둘이 살고 있었다. 그래서 방학이 돌아오면 엄마는 나를 순천 외갓집으로 보내 방학 기간을 보내고 오게 했다. 외할머니, 외할아버지와 주로 시간을 보내지만, 가끔은 외삼촌 집에서 외숙모와 함께 지내는 날도 있었다. 외삼촌 아들 둘과 나는 몇 살 차이가 나지 않아 함께 놀고 공부하는 것도 좋았다. 가장 부러웠던 것은 외숙모가 두 아들을 매일매일 학습지로 공부를 가르쳐주는 모습이었다. 하지만 그 동생들은 고등학교 가기 전 부모님의 이혼으로 방황의 시간을 보냈다. 그럼에도 불구하고 엄마가 잘 다져놓은 공부 습관 덕분에 수능에서는 국립대를 가고도 남을 만큼의 성적을 받았다.

재밌는 공부라는 친구를 만들어주자

우리는 아이가 태어나면 건강하게 잘 자라기를 바라면서 모유 수유도 하고, 가장 좋은 분유를 찾아 먹이려고 노력을 한다. 아이의 평생 건강에 이런 기초를 가장 중요하게 생각하기 때문이다. 그래서 아이의 평생 공부를 위해 강요하는 공부 말고 스스로 공부하게 해야 한다.

나는 아이가 재미있게 공부하도록, 공부에 흥미를 갖게 하는 데 가장 주력했다. 공부에 재미라는 친구가 생긴다면, 스스로 그 친구와 평생 함께할 것이 분명했기 때문이다. 나에게는 독서라는 평생 친구가 있었다.

나의 어머니는 나에게 공부라는 친구를 사귀게 해줄 만한 여력이 없었기 때문이다. 아이가 공부를 재미있고, 신나게 느끼면서 함께하도록 나는 최선을 다했다. 숫자와 외국어를 배우는 과정도 모두 노래나 게임으로 함께 시작했으며, 지금까지는 수업이나 공부에 대한 스트레스는 없다고 학교 담임 선생님들의 말씀을 들었다.

그 시작은 발레와 종이접기 수업이었다.

첫 아이가 유치원을 다니며 6살이 되자 주변 엄마들은 딸아이를 문화센터 발레에 보내기 시작했다. 내 딸도 친구들처럼 발레 수업에 보내달라고 조르고 있었다. 지금을 기회로 여긴 나는 종이접기 수업을 마치면 발레를 보내주기로 약속하고 수업을 시작했다. 뇌 활동에 도움이 된다는 종이접기 수업을 가르치고 싶었는데, 뭔가 배우러 가자고 따로 챙기기에는 아이가 거부할까 봐 두려웠기 때문이다. 나의 염려와 다르게 아이는 종이접기 수업도 좋아하고, 발레는 가장 좋아하는 수업이 되었다.

종이접기를 1년간 수업한 이후 나는 7살이 된 딸에게 숫자게임을 배우러 가자고 문화센터 주산 수업을 시작했고, 아이는 주판알을 튕기며 숫자 더하기, 빼기 배우기를 신나게 즐기고 있었다. 일주일에 한 번 뿐인 주산 수업은 아이에게 거부감이 없었다.

주산 선생님께 유치부 아이가 귀엽다면서 칭찬만 받는 즐거운 기억이 되었다고 한다. 이후 주산 수업은 초등학교 입학 후, 자연스럽게 방과후 주산으로 연결하였다.

나는 어릴 적 교회에 대한 안 좋은 기억이 있다. 불교신자인 엄마 밑에서 나는 심심한 일요일을 교회에 다니면서 지루함을 달랬다. 그렇게 몇 년이 지나자 교회 사람들은 전도도 안 되는 집안의 아이만 계속 다니자, 나를 찬밥 취급을 하기 시작한 것이다. 하지만 나의 아이는 교회에 관한 좋은 추억이 많다. 워킹맘으로 첫째 아이를 첫 돌 되기 전부터 어린이집에 맡겼고, 어린이집 원장님께서 다니는 교회에 아이는 모태신앙처럼 다니게 된 것이다. 7년간이나 교회에 다니면서 매년 성탄 행사의 유치부 메인 자리를 차지했고, 7살 성탄 행사에서는 행사의 오프닝 사회를 맡게 되었다. 나는 성탄절 2개월 전부터 연습과 대본 외우기를 해야 하는 그 임무가 어린아이에게 버겁지 않을까 싶어 마다하고 싶었다. 그렇지만 아이가 무대의 주인공이길 원하고 좋아하는 역할이라서 조용히 연습을 도와줄 수밖에 없었다. 본인이 좋아하고 재미있어 하는 일이라 얼마나 열정적이고 쉬지 않고 연습하는지, 코칭해주는 내가 오히려 피곤했다.

교회 성탄 행사의 오프닝 사회를 성황리에 마친 그해였다. 아이의 유치원 졸업식에서 답사까지 도맡게 된 것이다. 유치원의 7살 졸업생 대상으로 전원 마이크 테스트를 거친 결과, 우리 아이가 졸업생 대표 답사를 하게 되었다. 아이는 연속으로 무대의 주인공이 되자, 자신감과 자존감은 하늘을 찌를 듯이 치솟았다. 졸업식 행사 역시 베테랑 연예인처럼 무대를 즐기며 끝마쳤다. 이후 같은 초등학교에 입학한 아이의 유치원 친구들 엄마는 늘 우리 아이를 보며 '졸업식 답사' 했던 똑똑한 아이라며 부러움을 표시해주었다.

이렇듯이 아이에게 공부와 학습에 대한 기억은 너무나 소중하다. 아이가 공부와 학습에 재미를 느끼고, 스스로 시작하고, 매진하도록 강요하지 말자. 억지로 시키는 교육으로는 성적이 오르지 않는다. 기본적인 학습을 습관이 되도록 좋은 추억으로 길들여준다면, 아이는 잠시 흔들리더라도 제자리로 돌아오게 마련이다. 아이가 재미를 느낀다면, 엄마가 시키지 않아도 스스로 자리에 앉아 책이나 학습지를 펼치게 되어 있다. 강요하는 공부 말고 스스로 공부하게 만들어주자.

3 공부 습관 잡기 전에 기초 학습 능력 높이기

기초 학습 능력은 아이의 학습 습관이다

나는 어릴 적 엄마가 먼저 회사를 나가시기 때문에 홀로 남아 동네 친구 집에 들러 학교를 갔다. 일어나서 세수하고 억지로 밥을 먹고 옷 입고 학교 가기가 아침의 순서이다. 지금 내 아이는 나처럼 아침 일찍 일어나 씻고, 밥 먹고, 옷 입고 가방과 준비물을 챙겨 학교로 간다. 이것은 배운 만큼만 가르치게 되는 얕은 기초 습관이다.

주변 지인은 매일 아침 아이가 스스로 일어나 등원 준비를 한다고 하여 나를 놀라게 했다. '8살이 혼자서 일어나 씻고, 옷 입고, 밥 먹는다고?

게다가 등원 시간이 이르면 책을 읽다가 학교를 간다고?' 내게 이런 사실은 엄청난 놀라움이었다. 또 다른 엄마는 아이를 일부러 교실에 일찍 등원시킨다고 했다. 교문이 열리는 시간 가장 빨리 교실에 들어가게 해서 수업이 시작되기 전까지 독서를 시켰다고 한다. 이것 또한 내게 신선하면서 놀라운 기초 학습 능력 키우는 방법 중 하나였다.

기초 학습 능력이란 기본적인 생활 습관과 가장 기초가 되는 아이의 학습 습관을 말하는 것이다. 나는 미련하게 아이가 8살이 넘도록 그 준비를 놓쳐왔던 것이다. 아이가 재미있게 공부와 친해지게 하자는 목표만 생각했지, 아이의 생활 습관 키우는 시기는 놓쳐버린 것이다. 그래서 지금 배우고 길들이기를 시작하는 단계에 있다.

공부 습관은 아이의 평생 미래를 좌우할 가장 중요한 습관이다. 이런 공부 습관을 키우기 위한 밑거름이 기초 학습 능력이다. 아이가 스스로 행동하고 성취하는 것이다. 자존감을 갖고 스스로의 시간을 지휘하여 자신감을 갖게 된 아이가 기초 학습 능력도 뛰어나다. 아이가 자발적으로 일어날 수 있게 가르치고 연습시키자. 아이가 혼자 세수하고 옷을 입을 수 있도록 지켜봐주자. 물론 아침 식사를 혼자 못 할 수도 있지만, 아침 출근이나 등원 시간에 늦는다고 먹여주거나 챙겨주지는 말자. 이것이 내가 저지른 가장 큰 실수였다.

아이는 매일 아침 일찍 일어나기 힘들어했으며, 그 아이를 달래고 야단치고 윽박지르며 매일 아침마다 전쟁을 치러왔다. 그래서 아이의 학교생활 중 가장 궁금했던 점은 역시 '학교 규칙을 준수하고, 선생님의 지시에 잘 따르는 아이인가?' 하는 것이었다.

다행히 아이는 학교생활에 가장 잘 적응하고, 성적도 또래보다 잘 받아오는 저학년의 기간을 보냈다. 나의 염려는 집 안에서만 일어나는 건가 싶었다. 이런 염려는 집 안에서 과제를 하는 시간에 일어나게 되었다. 숙제하는 시간 동안 의자에 바른 자세로 집중하지 않는다고 아이는 아빠에게 야단을 맞았다. 책을 읽는 시간도 엎드리거나 침대에 누워 읽으며 아빠에게 야단을 맞게 되자 아이는 책 읽기도 싫어진다고 했다. 나는 남편에게 과제를 마치는 게 어디냐며 야단 그만 치라고 채근했다. 이것 또한 나의 큰 잘못임을 다시 반성하고 있다.

바른 자세로 정해진 시간에 집중하는 습관이 없으면 아이는 점점 길어지는 학습 시간을 버틸 힘이 없어진다고 한다. 1학년부터 아이에게 15분간 집중하는 습관을 길러주자. 2학년이 되면 30분, 3학년이 되면 45분, 4학년부터는 50분씩 집중하도록 아이에게 바른 습관을 길러주면 학습 능력도 함께 오르게 된다. 꼭 과제를 하는 시간만이 아니라 책을 읽거나 학습과 동일하게 집중하는 시간으로 활용하여 습관을 길러나가길 권

한다. 나의 과거를 되돌아보자, 많은 잘못을 아이에게 반복하고 있었다는 것을 깨닫게 되었다. 나는 독학으로 미련하게 한자리에 앉아서 전과와 교과서를 펴놓고, 오늘 받은 숙제가 끝나면 숙제가 없는 과목은 공부한 부분을 복습하고, 내일 수업할 과목을 부분 예습해두고 공부를 마쳤다. 생각해보니 이렇게 매일 2시간씩 공부에 집중했다.

하지만 내 아이는 아직 어리다는 이유로 책상에 바른 자세로 10분 이상 집중하는 버릇을 안 가르친 것이다. 어리다는 이유 하나만으로 나는 일일 학습량을 끝마치는 것만 가르쳤다. 바른 자세와 집중은 4학년이 되어 시작하겠거니 했으나 이미 흐트러진 자세와 집중력을 교정하기는 너무 어려운 일이다.

지금 내 아이에게 다시 시작한 기초 학습 능력은 이런 것이 있다

1. 바른 자세로 예쁜 글씨 쓰기

글쓰기에서 누차 강조하며 집중했던 부분이 숫자, 글자, 영어 알파벳 등 모든 문자를 알아볼 수 있게 바르게 쓰기였다. 여기서 내가 놓친 부분이 바른 자세였다. 대체로 글씨 쓰기를 귀찮아하거나 흘려 쓰는 아이들은 학습에 관심이 없거나, 우리 아이처럼 조금 산만한 경우이다. 아이에게는 집중력도 많이 필요하고, 손가락에 힘주어 쓰기도 쉬운 일이 아니기 때문이다. 배운 내용을 복습하고 정리하기 위해 글쓰기를 활용하자. 요즘 아이들은 대체로 글씨 쓰기를 싫어한다. 글씨 쓰기를 아이와 함께 놀이처럼 접근해보자. 8칸 공책에 자음자와 모음자를 부모와 함께 쓰기 시작하고, 교과서를 필사하면서 적절한 보상을 해주어도 좋다.

아이들이 자라면 글씨를 잘 쓰는 아이와 그렇지 않은 아이의 학업 성취도는 점점 벌어지기 시작한다. 이 아이들이 중학교와 고등학교에 진학하게 되어 서술형 문제나 자기소개서 등의 수많은 글쓰기를 접하게 된다. 그때 자신의 생각을 명확히 표현하지 못하는 학생이 그 생각을 글로 써내지 못하는 학생이 된다고 한다. 그리고 교사들이 말하는 말만 잘하고 쓰지 못하는 아이들이 이때 나타나는 것이다. 고등학교 교사인 친구는 '학생들이 말로 문제를 푸는 것은 잘하는데, 그것을 서술형으로 풀어보게 시키면 풀이 과정을 적지 못하거나 적은 내용을 알아보지 못하는 경우가 대다수'라고 말한다.

2. 스스로 등원 준비하기

우리 아이는 내가 워킹맘이라는 이유로 아침 등원 습관을 소홀히 했다. 이것이 그렇게 중요한 기초 학습 능력이라는 것을 몰랐기 때문이다. 나는 개근을 성실과 직접 연결되는 개념으로 배우며 자라왔고, 아이에게도 동일하게 가르쳐왔다. 절대 아프더라도 소아과에 들러서 유치원에 등

원하고, 학교에 보냈던 것이다. 하지만 친구 아이는 엄마가 시댁 제사라서 유치원에 빠지고, 부모가 주말에 휴가를 다녀오면 월요일에 학교를 빠지기도 했다. 그러자 그 아이는 툭하면 아프다고 집으로 가거나 학교를 쉬게 되었다.

그 모습이 부러웠던지 내 아이도 한 번 아프다며 집에 가고 싶다고 연락이 왔다. 나는 전염병이 아닌 이상 수업을 마칠 때까지 학교 보건실에서 쉬라고 강조하며 결석과 조퇴를 허락하지 않았었다. 그런 내가 요즘 등원 습관을 기르기 위해 하는 방법은 간단하다. 스스로 일어나도록 아이 방에 알람을 여러 개 챙겨주었다. 그래도 안 되면 깨워주는 것까지만 도와준다. 그리고 스스로 씻고 옷을 입고 나와야 아침밥을 주었다. 한두 번 늦게 챙기는 바람에 아침밥을 거르게 되자, 아이는 학교에 늦는 것이 무서운 게 아니라 아침을 먹고 싶다고 일찍 일어나게 되었다.

이렇게 2가지 기초 학습 능력만으로도 아이는 자신감과 자존감이 높아지면서, 학교생활을 더 신나게 즐기게 되었다. 공부 습관을 키우고 싶다면 그 전에 내 아이의 기초 학습 능력이 얼마나 되는지 체크해보자. 기초 학습 능력 없이 공부 습관은 잘 잡히지 않는다.

4
방과후 수업으로 기초 학습 체력 키우기

기초 학습 체력은 스트레스 없는 학교생활이다

기초 학습 체력이란 한글의 국어 능력과 연산인 수학 능력을 겸비하여 사회, 과학 영역의 독서까지 아우르는 능력이다. 자기 주도 학습을 스스로 할 수 있도록 만드는 것이 기초 학습 체력이라고 말한다.

사람의 체력이란 근육에서 나온다. 근육이 탄탄해야 힘을 쓸 수 있다. 공부를 잘하기 위해서 우선 필요한 능력이 바로 공부근육인 기초 학습 체력이라고 볼 수 있다. 기초 학습 체력도 공부와 관련된 활동으로 최우선으로 필요한 것은 스트레스 없이 학교생활을 하며 공부에 매진하는 것이다. 나는 감정과 기억력이 무슨 상관이 있을까 싶었다. 얼핏 상관없어 보이는 이 2가지 기능이 어떻게 연결되어 있는지 알려주겠다. 뇌에서 기억을 담당하는 해마와 감정을 담당하는 편도체가 붙어 있다는 것이다. 구조적으로 인접해 있다는 것은 서로 영향을 주고받기 쉽다는 뜻이다. 그래서 감정이 차오르면 억누르지 말고 바로 표현하는 것이 좋다. 감정을 참고 누르다 보면 편도체 뉴런의 활성화 수준이 떨어지고 가까이 있는 해마 뉴런의 활성화도 덩달아 떨어지게 된다. 간단히 다시 말하면, '마음이 편하지 않으면 평소보다 기억력이 떨어진다'는 것이다. 다른 설명을 더해보자면 이렇다. 감정을 말로 표현하거나 글로 쓰거나 행동으로 표현하고 나면 이 감정은 더 이상 편도체에 머물지 않는다. 편도체가 활발하게 작용하고 해마도 활성화 수준이 높아져서 기억을 잘하게 된다는 것이다.

우리 아이도 그랬다. 다음 날 학교의 단원평가로 인해 나는 아이에게 시험 범위를 복습하라고 시켰다. 하지만 5살 동생과 싸움을 하게 된 첫째는 언니라며 양보만을 강요하는 아빠에게 마음이 상해서 복습하는 문제집은 풀었지만 공부가 될 리 없었다. 결국 다음 날 단원평가의 점수를 기대보다 형편없이 받아왔다.

이렇게 기초 학습 체력은 공부머리와도 상관 있다. 그래서 나는 아이의 이런 기초 학습 체력을 키워주고자 방과후 수업을 활용했다. 학교 정규 수업이 마치고 나면 매주 월요일에 아이가 원하는 방과후 댄스 수업을 신청해주었다. 방과후 댄스 수업에는 매주 최신 댄스음악으로 춤을 배우거나 친구들과 같이 즐길 수 있는 다양한 활동적인 게임을 한다. 우리들이 어려서 자주 했던 '무궁화 꽃이 피었습니다'라는 게임도 음악에 맞춰 즐겁게 재탄생되어 있었다. 우리가 어려서 동네에서 뛰놀던 놀이를 지금 아이들은 교실과 강당에서 하고 있었다. 이렇게 신나게 놀듯이 친구들과 어울리며 한 댄스 활동은 방과후 페스티벌에서도 행사의 메인 역할을 도맡는다. 그리고 방과후 댄스 학생들은 평소의 당당한 자신감으로 무대를 휘어잡는다.

K-POP 열풍으로 초등학교 방과후 수업 중 방송 댄스 수업은 늘 만원이다. 방송 댄스 수업은 즐겁고 신나는 자신감 교육과 스트레스 완화에 도움이 되고 집중력을 높이며 친구들과 어울리는 과정에서 사회성이 발달되고 호기심을 충족시켜준다. 다양한 음악을 통해서 리듬과 박자, 풍부한 감성을 표현할 수 있으며, 유산소 운동과 근육을 강화시켜줘 성장기 아이들을 바른 자세로 이끌어준다.

우리 아이의 다른 친구는 평소 너무 소극적이고 부끄러움이 많아서 친한 친구들 말고 다른 어른과는 인사를 했는데도 목소리조차 듣기 힘들

정도였다. 하지만 그 아이는 방과후 음악 줄넘기를 몇 년 하면서 기른 자신감으로 방과후 페스티벌에서 방과후 음악 줄넘기 무대 메인 자리를 차지하기도 했다. 음악 줄넘기는 방과후 수업 중에서도 인기 과목 중 하나이다.

스마트폰으로 아이들의 건강과 독서력을 잃고 있다

요즘 아이들을 가리켜 포노사피엔스라고 한다. 스마트폰이 낳은 신인류를 지칭하는 말이다. 이런 포노사피엔스인 아이들은 스마트폰과 과도한 컴퓨터 사용으로 인해 활발한 바깥 활동이 부족해서 운동 부족 현상을 많이 겪고 있다. 그래서 학부모들은 아이들의 건강을 위해 방과후 수업으로 체육 활동을 선호한다. 그중에서도 누구나 쉽고 재미있게 즐길 수 있고 아이들 키 크기와 체중 조절에도 효과적인 줄넘기를 가장 많이 찾는다. 음악 줄넘기는 음악의 음률과 리듬에 맞춘 줄넘기 운동을 통해서 성장기 아동의 기본 체력 향상 및 협동심을 함양시켜준다.

다른 예시로 울산에 사는 친구 아들은 책상에 앉아 책을 보거나 문제집을 푸는 데 10분 이상을 집중하지 못한다고 했다. 하지만 그 아들은 학교 방과후 축구 수업을 시작하고 나서 활발히 뛰며 몸 안에 넘치는 에너지를 발산하고 오게 되었다. 이후 집에서 하는 숙제는 15분 안에 마치고 놀고 있다는 이야기를 들었다.

이런 방과후 축구의 장점을 소개하자면, 축구는 아이들의 넘치는 에너지를 발산하고 성장판을 자극시키고 호르몬 분비를 촉진시켜 아이들 성장에 매우 효과적인 운동이다. 축구는 전신을 사용하는 운동으로 체력, 지구력, 근력, 민첩성, 균형감각 등이 좋아지고, 비만 해소나 체중 감량에 도움이 된다. 현대 축구는 생각하는 축구를 중요시하는 만큼 집중력과 두뇌 발달에도 큰 도움이 된다고 한다. 축구의 마지막 장점은 바로 단체 스포츠로서 단체 생활의 협동심과 사회성 향상에 큰 도움이 되는 것이며, 개인보다는 단체의 중요성을 자연스레 교육하고 배우게 된다. 인천에 있는 친구의 아들도 나의 첫째 딸과 동갑내기인데 학교에 방과후 축구 수업이 없어서 인근의 스포츠 축구 클럽을 2년이나 다녔다고 한다.

방과후 수업은 이렇게 신체의 기초 체력만 기르는 것이 아니다. 기초 학습 체력이란 학습에 대한 기초적 밑거름이라고 했다. 가장 기본이 되는 그 시작은 읽기, 독서이다. 그래서 수많은 교육 관련 선생님들과 학부모가 모두 강조하는 부분이 책 읽기, 바로 독서이다.

우리의 뇌에는 읽기를 관장하는 영역이 따로 없다고 한다. 글을 읽기 위해서는 뇌의 여러 부위가 팀플레이를 하듯 함께 작업을 한다고 한다.

후두엽이 눈으로 받은 시각 정보를 측두엽에 전달하면 그 시각 정보를 표음 해독한다. 측두엽으로 해독한 글자를 받은 전두엽은 그 글자의 의미를 추론한다. 다음은 이렇게 해독한 단어들을 연결한다. 비로소 문장 하나를 어렵게 이해하게 된다. 마지막으로 감정을 관장하는 변연계가 '아프겠다, 슬프겠다'는 식의 감상을 내놓는다. 이렇듯이 문장 하나를 해석하는 데는 뇌의 거의 모든 부분이 총동원된다.

책을 읽을 때 뇌가 총동원되어 활성화된다는 것은 수많은 연구를 통해 이미 확인되었다. 일본 도호쿠대학교 의학부의 가와시마 류타 교수도 그런 연구를 진행했다. 자기공명영상을 이용해 뇌 활동을 촬영했는데, 다른 활동을 할 때와 비교되지 못할 정도로 독서 중일 때 뇌 활동은 활발했다. 머리는 쓰면 쓸수록 좋아진다. 독서는 머리를 가장 활발하게 사용하는 활동이다.

나는 워킹맘으로서 아이의 입학과 초등 저학년 시기에 아이의 기초 학습 체력을 키우는 데 소홀했다. 워킹맘이고 둘째가 어리다는 이유였다. 첫째 아이가 주변에서 칭찬도 많이 듣고 자랐으며, 사회성이나 학습 능력도 조금 우월하다고 생각한 나의 자만심 탓이었다. 아이는 기본적 읽기와 독해력, 어휘력과 연산까지 유치원 때부터 또래보다 잘했다. 하지만 기초 학습 체력인 독서를 꾸준히 챙겨주지 못했던 나의 불찰로 아이는 조금씩 퇴화했다. 학교에서 배우는 서술형 문제에서 실력이 바로 드러났다. 아이는 문제집을 풀 때도 서술형 문제는 읽지도 않고 모른다고 계속 부모와 선생님을 찾게 된 것이다.

벌써 3학년이라 뒤늦었다고 생각할 수도 있다. 하지만 나는 시작했다. SBS〈영재발굴단〉의 박단우 엄마처럼 5년간 한글 동화책과 영어 동화책을 읽어주지는 못했지만, 나는 아이 둘을 재우는 시간에 짧은 탈무드를 3편씩 읽어주고, 이야기의 결론에 대한 피드백을 주고받는다. 그리고 아이가 했던 유치부 영어동화책을 3편 읽어주고 잠들기를 시작했다. 이제 한 달도 안 되었지만, 밤마다 "엄마, 책 읽어주고 자야죠." 하면서 두 딸은 서로 책을 찾아오고 있다.

당신도 할 수 있다. 단우 엄마의 조언처럼, 원어민처럼 발음이 좋아야 할 이유가 없고, 유치부의 영어 수준은 모르면 네이버 검색에 물어도 된다. 아이들의 기초 학습 체력도 올려주고, 아이들과의 교감도 나누는 이 시간이 피곤하지만 행복하다.

5 공부머리 키워주기에는 방과후 수업이 최고다

사교육이 내 아이를 키워주지 않는다

자녀 교육은 언제나 우리가 관심을 두고 있는 부분이라 관련 유튜브와 TV 프로그램이 생기면 자주 시청하고 자꾸 찾아보게 된다.

2020년 3월 13일 MBC 〈공부가 머니?〉에는 개그우먼이자 트로트 가수인 라윤경의 아들이 나온다. 라윤경의 남편은 국제 멘사 회원이며 교수이다. 그래서 아이들의 교육에 관한 고민은 안 할 줄 알았다. 하지만 그녀의 남편 역시 "제 자식은 마음대로 안 되더라."며 웃었다. 그녀의 첫째 아들은 황금돼지띠에 태어나 또래 친구들이 많고, 부모들의 교육열이 높아서 많이 휩쓸렸다고 한다. 아이가 3살 때부터, 국어, 수학, 영어, 논술, 수영, 미술, 인라인, 합기도 총 8개 사교육을 받았다. 아들이 즐거운 마음으로 공부한다고 믿었지만 모든 것은 엄마의 착각이었다. 어느 날 아이가 말을 안 하고 눈도 안 마주치며, 영어유치원에서 하원한 뒤에는 주머니 속에 음식을 담아오는 등 이상 증세를 보여 심리학 교수를 찾았다. 진단은 실어증이었다. 아이에게 스트레스를 주지 말라는 의사의 조언을 들었다고 한다.

14살이 된 지금, 방송에서 정확한 솔루션을 위해 받은 심리 검사 도중 가족을 그려달라는 의사의 요구에 아이는 힘든 모습을 보였다. 그림 그리기를 그리고 지우기만 반복하던 아이는 결국 엄마, 아빠의 모습 없이 자신과 동생만이 앉아 TV를 보고 있는 뒷모습을 그려내어 엄마는 폭풍 눈물을 쏟아냈다.

아이 혼자 집에서 과외를 받고, 학원으로 돌아다니며 친구들과 어울릴 시간이 없는 아이는 많다. 현재 내 아이의 유치원 친구도 외동이라는 이유로 부모의 사랑과 관심을 혼자서 다 받으며, 그 사랑이라는 이유로 엄마와 쉴 새 없이 학원 순회를 하고 있다. 아이가 아직 어리니 스스로 관심과 재능을 찾을 수 없어서 여러 가지 다양하게 시켜보는 것이라고 한다. 고학년이 되면 학습에 매진해야 하기에 저학년인 지금 해야 할 다양한 체험과 학원을 소화해야 한다는 것이다. 그런 이유라면 방과후 수업에서도 충분히 친구들과 즐기면서 다닐 수도 있다. 하지만, 그 부모는 학교보다 학원이 더 쾌적하고 전문적일 것이라는 이유를 들어 학원과 개인과외만을 하고 있다.

『공부머리 독서법』에서 최승필 작가는 사교육에 대해서 이야기한다. 사교육은 그 나름대로의 진도가 있어서, 아이가 아는 것과 모르는 것을 구분하지 않고 일단 전체를 들어야 한다는 것이다. 이렇게 불필요한 설명까지 듣고도 자기 자신의 것으로 만들려면 어차피 또 복습을 해야 하는데, 이는 이중삼중의 시간 낭비라고 한다. 그는 책에서 '결국 공부는 스스로 할 때 확실한 자기 것이 된다'고 말한다.

나도 같은 실패를 경험했다. 중학교 시절 모자란 성적을 채워보고자 인근의 한샘학원에 등록해서 수학 단과반 수업을 들었다. 공장 다니는 엄마의 주머니에서 귀중한 돈을 낭비한 것이다. 그 학원의 수학 강사는 인기 강사라 수강생이 늘 만원이다. 학원의 학생 전체를 위한 수업으로 열강을 하지만, 정작 나는 그 시간 동안 라디오 듣는 거 마냥 시간만 버리고 온 것이다. 내가 모르는 문제를 다시 풀어보지도 않고, 개념과 풀이를 알지 못하니 복습도 할 수 없었다. 이런 이유로 나는 일찌감치 수포자(수학포기자)가 되어버렸다.

나는 같은 실패를 고등학교에 가서 또다시 반복하게 된다. 다른 성적은 모두 만족할 만한 상위권인데, 늘 수학만 바닥을 헤엄치고 다녀서 엄마는 없는 형편에 다시 무리를 하게 된다. 외삼촌의 대학 친구를 소개받아서 수학 과외를 시작한 것이다. 결과는 마찬가지였다. 과외 선생님은 아주 쉽게 잘 푸는 문제를 나는 전혀 받아들이지 못하고 내 것으로 소화를 시키지 못했다.

수학 외의 수업은 독서로 다져진 기본 공부머리가 있어서 독학이 가능했고, 좋은 성적으로 칭찬도 많이 받았다. 하지만 수학은 일찌감치 포기해버린 탓에 수학의 공부머리는 다시 복구할 수 없는 지경이었다. 이런 나의 쓰디쓴 과거로 인해 나는 내 아이의 수학 공부머리를 위해 일찌감치 연산과 주산에 재미를 붙이게 했다.

아이가 재미있어 하는 방과후 수업으로 공부머리를 키워주자

나는 아이가 문화센터에 다니기 시작했던 6살부터 보드게임을 하듯 아이에게 주산 수업을 배우고 놀게 했다. 이 이야기는 앞에서도 소개했다. 그렇게 주산 수업은 초등학교에 입학하여 꾸준하게 수업하고 있으며, 해마다 주산대회에 나가서 실력을 검증받고 있다. 주산 수업을 오랫동안 하면 계산 능력 향상은 물론 집중력과 기억력이 좋아지며, 두뇌 계발에도 도움이 된다. 주산을 익히면 수학이 보이고, 지능 지수도 20% 향상된다고 한다. 이렇게 수학의 기본이 되는 연산과 친해지고, 거부감 없이 숫자를 가지고 노는 방법으로는 방과후 주산만큼 좋은 것이 없다. 수학 공부머리 키우는 방법은 수학의 가장 기초가 되는 연산을 초등학교 6학년까지 쉬지 말고 이어가야 하는 것이다.

SBS 〈생활의 달인〉에 암산 잘하는 10대 소년이 방송된 적이 있다. 이 학생은 방송 당시 자신이 어릴 적에 많이 산만하고 ADHD였다고 한다. 주산 암산을 배우게 되면서 차분해지고 자신감도 생겨 성격도 활발하게 변했다고 한다. 하나의 예시일 수 있지만, 집중하면 차분해지고 자신이 무엇인가 잘하면 성격이 밝아지고 자신감이 생긴다. 그 도움을 방과후 주산이 해줄 수 있다는 것이다.

그리고 가장 중요한 공부머리 키우는 방법은 바로 책 읽기, 독서이다. 내가 다른 사교육 없이 초등학교 시절 혼자만의 공부로 학원과 과외를 받는 친구보다 더 공부를 잘한 비결은 단연코 독서의 힘이다. 친구들처럼 자유롭게 놀러가지도 못하고, 가족과의 외식은 꿈도 못 꾸던 나의 어린 시절은 책과 친구가 되어 상상하며 노는 것이 전부였다. 엄마는 주말도 일이 있으면 공장에 나가서 특근을 하고, 나는 외삼촌과 이모 집에 가서 주말 동안 나 혼자 이모, 외삼촌이 보던 책을 주워 읽었다.

나의 수준보다 높은 책을 읽으며 모르는 부분을 그냥 읽기도 하고, 모르는 단어는 물어가면서 혼자 추측하고, 상상하면서 책 안의 인물들과 노는 것이 나의 일상이었다. 나는 박경리의 소설『김약국의 딸들』을 읽으며 어른들의 세상을 이해하려 애쓰고, 김진명 작가의『무궁화 꽃이 피었습니다』를 읽으면서 북한과 남한의 관계, 우리나라의 핵이 필요한 이유를 고심했었다. 이모와 함께 봤던 영화 〈쉰들러 리스트〉는 나에게 유대인들도 우리나라와 같이 독일에게 엄청난 학대를 받았고 일본보다 더 잔인하고 잔혹했던 독일 나치의 존재를 알 수 있게 해주었다. 이런 나의 남다른 독서와 영화 감상의 취미로 나는 또래보다 높은 수준의 배경지식과 이해력을 가질 수 있게 되었다.

이런 이유로 나는 아이가 7살이 되어 웅진씽크빅 '책 읽기 프로그램'을 시켰으며, 학교에 입학 후에는 방과후 독서 논술을 시작했다. 최근 스토리텔링 수업의 열풍으로 책 읽기는 이제 모든 교과목의 기초가 되고 있다. 독서는 아이의 정서 함양과 어휘력 향상, 정서 순화에 도움이 된다. 방과후 독서 수업은 논술이라는 내용이 추가되어 단순 독서가 아닌 바람직한 독서 습관을 가질 수 있도록 도와준다.

방과후 독서 논술 수업은 반복적으로 책을 읽기만 하는 수업이 아니라 아이들이 직접 활동에 참여하면서 흥미를 유발하는 수업이다. 창의력과 자신감 키우기에도 좋아서 학부모들의 인기가 많은 수업이다. 강사의 역량에 따라 다르지만, 우리 아이의 방과후 독서 논술 수업에서는 책 내용에 따라 아이들이 직접 쿠키나 빵을 만들어보는 활동도 있었고, 책의 내용을 기반으로 발표와 독후감을 쓰며 소감을 정리하는 것은 기본이었다.

공부머리 키우기 위해서 아이를 수학 학원에 보내지 마라. 속독 학원에 보낼 필요도 없다. 책만 많이 읽는다고 공부머리가 혼자 자라지 않는다. 연산만 기계처럼 계속한다고 해서 수학머리가 자라는 것도 아니다. 방과후 수업으로 보내서 즐겁고 재미있게 공부머리를 키워주자. 아이에게 자신감과 자기 효능감까지 키워주는 방과후 수업이야말로 공부머리 키우기 가장 좋다.

6

행복한 천재는
방과후 학교에서 자란다

공부 스트레스는 아이의 공부머리를 망친다

보통 걱정이 있거나 심한 정신적 충격을 받으면 머릿속이 멍해지는 느낌을 받는다. 아이가 아픈 날이나 부부싸움을 한 날이나 회사에서 중요한 미팅을 깜빡 잊는 실수를 하는 날은 더욱 그렇다. 대다수의 엄마는 집안일을 하던 중 음식을 태우거나 설거지 도중 그릇을 깨뜨리게 된다. 아이도 마찬가지다. 친구와 다투거나 부모에게 야단맞거나 걱정거리가 있는 날은 공부가 되지 않는다. 왜 그럴까? 공부뿐 아니라 회사일, 집안일도 실수 없이 잘해내려면 기억력이 필요하다. 사고 활동을 하는 데 기억력은 필수이기 때문이다. 스트레스를 많이 받으면 우리 뇌에서는 항 스트레스 호르몬이라 불리는 코르티솔이 다량 분비된다고 한다. 코르티솔은 동공을 확장하고, 심박수를 높이고, 근육을 긴장시키는 등 위기에 대처하는 상태로 몸을 만든다. 그런데 이 코르티솔이 작용하면 동시에 뇌의 안쪽에 있는 기억을 담당하는 해마의 기능을 떨어뜨린다. 코르티솔 때문에 해마의 뉴런이 영양을 공급받지 못하고 기억력이 약해지고 사고 작용도 둔화된다. 장기간 스트레스를 받으면 상태는 더 심각해지는데, 해마가 서서히 파괴되어 영영 새로운 것을 학습할 수 없게 된다. 이것이 바로 스트레스가 많은 아이들이 공부를 잘하기 어려운 이유다. 내게는 엄마의 깊은 부담과 불투명한 미래로 인해 스트레스가 많았다. 이 결과로 해마가 제대로 기능을 하지 못했다. 학교의 야간 자율학습을 마치고 독서실 책상에 앉아 있지만 읽어도 이해가 안 되고 외워도 금세 잊어버리는 최악의 상태에서 공부라는 것을 하고 있었다.

부모들은 자식이 자극을 받으면 공부를 더 열심히 할 것이라고 생각한다. 그래서 명문대 다니는 사촌이나 대기업에 취업한 일가친척을 만나게 하지만 결과는 반대로 나타나는 것이다. 나는 명문대 장학생으로 다니는 외삼촌과의 잦은 만남이 그랬다. 불투명한 미래와 성취에 대한 압력이 과도한 스트레스가 되어 오히려 공부를 방해하기 때문이다. 이런 기억으로 나는 아이에게 공부 스트레스를 주기 싫었다. 그래서 나는 아이에게 재밌게 공부하는 것이 습관이 되길 원했다. 모든 공부 관련된 학습과 활동은 마치 게임이나 놀이처럼 적용되도록 노력했다. 이처럼 나는 아이가 학습 스트레스가 덜하도록 초등학교에 입학하면서 기존의 문화센터 수업과 책읽기 학습은 그만두게 했다. 대다수의 활동은 학교 안에서 해결할 수 있도록 방과후 수업에 집중했다.

좋아하는 방과후 수업으로 천재가 될 수 있다

방과후 수업을 아는가? 방과후 수업이란 학교 정규 수업이 마친 후 학생들의 숨어 있는 재능과 흥미를 찾아주는 유익한 공교육 중 하나이다. 나는 아이가 초등학교 1학년에 입학하자마자 학교 내의 방과후 수업으로 오후 일정을 꽉 채워버렸다. 아이가 하고 싶은 것도 많았고, 내가 권하고 싶은 과목이 참 많아서 행복한 고민을 했다. 그 중 우리 아이가 원했던 수업은 대체로 예체능이었다. 방과후 댄스, 방과후 배드민턴, 방과후 창의미술, 방과후 클레이아트, 방과후 바둑 등등 무수히 많은 과목을 전부 나열할 수 없어 이 정도만 이야기한다.

그중에서 많은 서울대생이 추천하고 공부에 관심 있는 엄마들이 좋아하는 방과후 바둑을 먼저 소개하겠다. 나의 바람은 아이가 바둑을 통해 집중력과 한 수 앞을 내다보는 선견지명을 배워왔으면 하는 것이었다. 하지만 현실은 그렇지 않다. 너무나 많은 초1 남학생들 틈바구니에 껴서 여학생인 나의 딸은 아무도 대국을 안 해주거나, 남자애들끼리 시끄럽게 떠들고 노느라 바둑 선생님의 수업이 잘 안 들리기도 한다면서 도저히 바둑 수업을 1년간 유지할 수 없었다. 나처럼 방과후 바둑 수업에 대한 실패 사례도 있지만 반대의 성공 사례도 있다. 울산 호연초등학교 3학년 김모 군은 방과후 바둑을 1학년부터 꾸준히 해왔다. 호연초등학교의 방과후 바둑 수업은 주 2회 한 시간씩 집중하는 것이다. 바둑의 기초 이론 수업을 하고 친구와 대국을 벌이거나 바둑 선생님의 코칭을 받는 것이다. 3학년이 된 김 군은 평상시 바둑 수업을 좋아했으며, 그렇다고 다른 바둑기원이나 바둑 학원을 별도로 다닌 적은 없었다. 바둑 선생님의 추천으로 김 군은 울산시장배 바둑대회에서 초등학생으로는 금상을 수상하여 학교의 자랑이 되었다.

방과후 바둑 수업의 좋은 점

바둑에는 복기라는 것이 있다. 바둑 대국이 끝난 뒤, 대국의 내용을 분석하기 위해서 처음부터 순서대로 다시 두어보는 것이다. 복기를 하는 이유는 어떤 점을 잘했고, 잘못했는지 알아내서 다음은 더 좋은 결과를 얻기 위해서다. 그래서 바둑을 잘하는 아이가 공부머리가 좋은 이유도 복기가 가능하기 때문에 자신의 공부에서도 어느 부분을 잘못했고, 어느 부분에서 실수를 만회할 수 있는지 스스로 찾을 수 있기 때문이다.

1. 두뇌에 자극이 되어 IQ가 상승한다. 스스로 생각하고 학습하는 힘을 길러준다.

2. 수와 공간의 개념을 배울 수 있다. 취할 것과 버릴 것에 대한 판단력을 길러준다.

3. 상대의 수를 읽는 연습을 통해 미래의 일들을 예측하고 대비하는 힘을 기른다.

4. 어려움에 처해 있을 때 해결책을 연구하는 습관을 길러준다.

5. '정석'과 '포석'은 암기력에도 도움이 된다.

6. 잘못 둔 수를 되짚어 봄으로써 잘못을 반복하는 것을 방지한다.

7. 매 수 집중하다 보면 집중력과 침착성이 길러진다.

8. 바른 자세와 행동, 상대방에 대한 예의를 배운다.

방과후 클레이아트 수업의 좋은 점

또 다른 수업은 방과후 클레이아트다. 우리 아이가 가장 좋아했던 수업이기도 하다. 지금은 다른 방과후 수업과 시간이 겹쳐 하지 못하는 수업이다. 당시 아이는 다양한 클레이를 가지고 커다란 작품과 작은 소품까지 수많은 작품들을 매주 하나씩 만들어왔다.

모든 작품을 사랑한 우리 집의 꼬마 작가님은 매주 생기는 작품들 하나하나 너무 소중히 아끼고 지금도 수시로 시간이 허락된다면, 클레이 수업에 보내달라고 계속 조르고 있다.

1. 클레이 특성상 다양한 소재의 클레이(콜크, 밀반죽, 떡반죽, 점토)로 손쉬운 조작이 가능한 조형미술을 다루는 수업이다.

2. 클레이아트 조형미술 수업은 '뇌운동—눈운동—소근육운동'의 조화를 이루어 통합적 사고에 매우 중요한 역할을 한다.

3. 무엇이든 관심이 많고 호기심이 많은 저학년 시기의 아이들에게 집중력을 향상시켜주고 지능 발달을 도와 창의력과 표현력을 발달시켜주는 클레이아트는 아이에게 정말 좋은 강좌이다.

클레이아트는 먹어도 되는 밀가루 반죽인 쿠키앤클레이, 환경 웰빙 점토로 자연을 빚는 콜크클레이, 말랑말랑 촉감놀이 친환경 떡 공예인 라이스클레이, 통통 튀는 창의를 만드는 점토 공예인 칼라 점핑클레이 등의 다양하고 무한한 소재들이 즐비하다.

방과후 배드민턴 수업의 좋은 점

이제 남은 방과후 수업은 방과후 배드민턴 수업이다. 우리 학교의 방과후 배드민턴은 3학년부터 가능하여 우리 아이는 아직 배드민턴을 접해보지 못했다. 하지만 같은 학교에 다니는 친구의 아들은 염포초등학교 방과후 배드민턴을 3년간 배워 5학년이 된 시절 울산시장배 초등학교 배드민턴대회에서 당당히 최우수상을 타서 학교의 자랑이 되었다.

1. 배드민턴은 스매시나 클리어를 칠 때 점프가 필요하기 때문에 성장기 아이들의 키 크기에 많은 도움이 된다.

2. 배드민턴은 전신의 근육을 발달시키는 운동이기 때문에 적정 수준의 체지방을 유지하게 되어 체중 감소에 도움이 된다.

3. 근력 강화를 통해 일상생활에서 활기를 찾기 쉬우며 순발력과 탄력, 지구력이 높아진다.

4. 배드민턴은 정확한 자세와 다양한 기술을 요구하기 때문에 전체적인 운동 신경이 발달한다.

5. 오버헤드 스윙은 야구의 투구 동작과 매우 흡사하여 손목이나 관절을 강화해줌으로 아이들의 공부력과 운필력에도 도움이 된다.

이렇듯 좋은 점이 많은 방과후 수업으로 아이들의 스트레스를 날리고 공부력을 키워주자. 아이가 스스로 좋아하는 수업으로 각각의 장점을 얻으면서 성장하는 시간이 되었으면 한다. 행복한 천재는 방과후 학교에서 자란다. 우리 집의 천재 아이도 매일 방과후 학교에서 행복을 누리고 있다.

7 미래의 꿈 찾기는 방과후 수업에서 하라

어린이 직업 체험 테마파크 - 키자니아

꿈을 가진 아이는 스스로 공부하며 자존감이 높고 자기효능감이 높은 아이라고 했다. 그런 아이는 자신만의 미래나 꿈을 그리는 능력이 탁월하다. 이런 아이들의 부모는 일찍부터 아이의 재능과 적성을 찾아주기 위해 많은 경험을 접할 수 있도록 도와준다.

이런 취지에서 키자니아(어린이 직업 체험 테마파크)는 유치원생 때부터 소풍의 필수 코스가 된다. KIDZANIA(키자니아)는 KINDER(어린이)의 KID+ZANY(즐거운)의 Z+ANIA(땅)=멋진 어린이들의 나라,

KIDZANIA(키자니아)라고 한다. 현실 그대로의 도시, 체험과 놀이를 통해 생생하게 직업을 체험할 수 있는 어린이 직업 체험 테마파크이다. 키자니아는 어린이들이 현실 세계의 직업을 체험하며, 진짜 어른이 되어볼 수 있는 어린이 직업 체험 테마파크이며, 실제 기업의 참여로 더욱더 현실감과 생동감 넘치는 직업 체험을 할 수 있는 곳이다.

키자니아에서는 하나의 직업을 체험하는 활동이 곧 경제 활동으로 이어진다. 키자니아의 화폐인 키조를 벌고 쓰는 활동을 통해 노동과 돈의 상관 관계에 대해 배우고, 지출, 소득, 저축, 기부, 세금 같은 주요 경제 개념을 체득할 수 있게 체험 시설들이 꾸며져 있다. 내가 흘린 땀으로 모아지는 키조를 활용해, 키자니아 내 은행에서 어린이들이 계좌를 개설하면서 현금카드를 받고 현금인출기를 사용해 직접 키조를 인출할 수 있다.

키자니아에서는 체험을 통해 얻을 수 있는 다양한 교육적 효과 외에도 다른 아이들이 함께 어울리며 체험하기 때문에 배려심과 사회성을 키우고 리더십을 기를 수 있다. 아이들이 자연스럽게 놀면서 배울 수 있는 점은 키자니아의 최대 장점이다. 이렇게 유용한 어린이 직업 체험 현장인 키자니아는 대다수 유치원 학생의 소풍 필수 코스이다. 어느 아이는 소풍으로도 다녀왔지만 정기적인 방문으로 아이의 학습 의욕을 고취시켜준다는 주변 엄마의 이야기도 있었다.

나는 아이의 키자니아 방문은 유치원 소풍으로 충분하다고 생각한다. 굳이 주말을 빌려 멀리 서울이나 부산까지 가서 직업 체험을 다달이 시켜줄 필요가 있을까 싶다. 키자니아 말고 다른 유익한 시설이 많기 때문이다. 그중 내가 자주 찾아갔던 곳은 어린이 과학관이다. 나의 첫째 아이는 장소와 시간이 허락될 때면 지역 내 어린이과학관을 찾아 방문했다. 친정이 인천이라서 나는 인천 어린이과학관을 자주 찾아갔다.

각 지역의 어린이 과학관에 놀러가세요

과학은 멀리 있지 않고 생활 속 어디에나 있다. 일상의 작은 호기심이 위대한 과학자를 만든다. 우리 아이들은 '꼬마 뉴턴'이자 '어린이 아인슈타인'이다. 과학의 원리가 숨어 있는 체험과 놀이를 통해서 자연스럽게 창의적인 꿈을 키워주는 상상발전소, 그곳은 인천 어린이과학관이다.

인천 어린이과학관은 연령 발달을 고려한 과학 체험 전시물로 구성되어 있다. 각 마을의 권장 연령을 미리 확인하여 이용하면 더 효과적인 관람이 가능하다. 무지개마을, 인체마을, 지구마을, 도시마을, 비밀마을, 기획전시관으로 구분되어 있다.

그중 무지개마을은 물, 얼음, 나무 등의 다양한 자연환경의 소재를 직접 만져보고 느끼는 입체 놀이 공간이다. 자연 속에 숨겨진 과학의 원리에 대해 호기심을 유발시키고 공감각적인 지능을 개발하는 데 도움을 준다. 무지개 마을은 미취학 어린이 전용 전시관으로 만 3~5세까지 이용 가능하며 증빙서류 제출 시 이용요금은 무료이다. 인천 어린이과학관은 인터넷 홈페이지로 사전예약을 꼭 해야만 방문 가능하며 회차당 관람 인원이 제한되어 있다.

부산은 서울 못지않게 관람할 곳이 엄청나게 많은 곳이다. 그중 우리가 자주 찾은 곳은 부산에 있는 나의 시댁과 가까운 부산어린이회관이다. 부산어린이회관은 부산어린이대공원 안에 있다. 교육 프로그램과 체험 프로그램으로 나뉘어 있으며, 전시관은 전시물을 활용한 체험 중심 과학 탐구 활동으로 과학적 태도를 키워주는 곳이다. 체험 중심 과학관 관람으로 유치원 어린이의 과학에 대한 흥미를 유발해준다. 과학 탐구 프로젝트 학습은 회관과 학교가 연계하여 운영하는 프로젝트 학습으로 창의적인 학교 교육 과정을 운영하며 지원한다. 학생 중심의 소집단 활동을 통해 창의적 문제 해결 능력 및 협력적 학습 태도를 길러준다. 과학 관련 주제에 대한 토의, 토론 활동을 통한 과학적 탐구 능력과 의사소통 능력을 향상시켜준다. 이런 프로젝트 학습은 초등학교 4~6학년 학급 단위 신청으로 가능하다.

나는 항상 아이와 함께 개인적인 전시 관람 위주로 체험을 했다. 부산 어린이회관의 좋은 점은 어린이 도서실과 나비전 시실이 있다는 것이다.

그리고 가장 좋았던 점은 일반적인 키즈카페보다는 약소하지만, 둘째 5살 아이가 뛰놀 수 있는 유아 과학 놀이동산이 구비되어 있다는 것이다. 유아 과학 놀이동산은 볼풀, 미끄럼틀, 점핑보드 등을 즐길 수 있는 대형 정글짐이 있는 놀이동산으로 3~7세의 유아들을 위한 놀이공간이다.

슈퍼미니카, 마징가Z, 아파치헬기 등의 탈것과 악어, 당나귀, 말 등 동물 모형의 간이 놀이기구도 무료로 이용할 수 있다. 매년 여름이 되면 아이들과 부모들이 도시락과 책을 잔뜩 싸들고 어린이 도서관에 북적거리는 모습이 참 보기 좋았다. 이제는 지역마다 어린이를 위한 과학관과 여러 가지 박물관 등 좋은 시설이 많이 생기고 있다. 여러분의 지역에는 어떤 과학관과 박물관이 있는지, 아이와 함께 찾아보고 체험해보는 것도 좋은 추억이 된다.

이렇게 요즘은 내가 어릴 적과는 다르게 아이를 위한 좋은 세상이 되었다. 더 좋아진 것은 이제 이런 직업 체험과 여러 가지 미래의 꿈 찾기가 학교에서도 가능하다는 것이다. 방과후 수업에서 배우고 갈고닦은 실력을 십분 발휘하여 부모들에게 많은 성과를 보여주고 있다. 방과후 주산 수업은 해마다 주산대회에서 아이들의 실력을 자격증으로 증명하고 있다. 방과후 한자 수업도 마찬가지로 대한민국 급수 자격증으로 아이들의 실력을 검증받고 있다.

방과후 컴퓨터 수업은 이제 필수 방과후 과목이 되었다. 컴퓨터 학원을 별도로 다닐 필요 없이 요즘은 초등학교 3학년부터 컴퓨터 국가공인 DIAT(Digital Information Ability Test) 자격시험을 거의 필수처럼 획득하고 있다. 5학년 이상이 되면 ITQ 자격증 역시 방과후 컴퓨터 학생이라면 모두 합격해서 받는 국가자격증이다.

ITQ 자격증은 공정성, 객관성, 신뢰성이 확보된 첨단 OA 국가 자격시험으로 우리나라 국공립 기업(국민연금관리공단, 대교, 대구은행, 신용보증기금, 한국과학기술연구원, 한국산업은행, 한국전력공사, 한국토지공사 등) 15개 업체와 정부 부처와 지자체(특허청, 중소기업청, 기상청, 전주시청, 부산광역시교육청 등) 18개 기관 취업 시 우대받으며, 현재 우리나라 50여 개 대학에선 학점으로 인정받는 교양필수 과목이기도 하다.

그래서 아이들의 방과후 컴퓨터 수업에 접수해 들여보내는 경쟁은 늘 치열하다.

방과후 바둑 수업은 급수 자격증뿐만 아니라 지역 내 교육청장배 바둑대회가 있어서 자신의 바둑에 대한 특별한 재능과 미래를 직접 체험해볼 수 있다. 울산에 사는 친구의 아들은 방과후 배드민턴을 3년간 배워 울산 시장배 초등학교 배드민턴 대회에서 최우수상을 받았지만, 아이는 운동이 싫다면서 의대를 목표로 기숙사형 중학교에 진학하였다.

우리 아이는 어려서 참여하지 못했지만, 동네 지역행사의 무대에서 아이의 방과후 댄스 수업을 같이하는 5~6학년 언니들이 게스트로 출연하여 행사의 분위기를 띄워주기도 했다.

이렇게 다양한 미래 직업 체험은 굳이 멀리 있는 비싼 키자니아에 가지 않아도 되며, 주말마다 아이를 데리고 과학관으로 여행 다니지 않아도 된다. 우리 아이가 다니는 방과후 수업에서도 충분히 많은 미래 직업 체험은 가능하다. 그리고 아이들의 이런 직접 체험은 본인의 장래 희망을 찾거나 미래 직업을 결정하는 데 많은 도움이 된다. 그래서 꼭 방과후 수업은 여러 가지 다양하게 수업해볼 것을 권한다.

2 장

방과후 수업으로

아이의 공부 습관

잡아주기

1

선행학습 못 시켜서
불안해하지 말기

선행학습의 문제점은 공부 재미를 잃게 하는 것이다

주변의 많은 부모가 아이에게 선행학습이 필수라고 한다. 누구나 하고 있기에 자신의 아이도 최소 2~3년은 미리 선행학습을 해야 한다고 생각한다. 왜냐하면 학교에 입학하기도 전에 우리는 아이에게 한글과 숫자 연산 등을 기본적으로 선행학습 시켜서 입학하기 때문이다.

이것은 학교 공교육의 잘못이 크다. 1학년부터 아이들이 한글을 떼고 온다는 가정하에 읽기 수업부터 시작하기 때문이다. 그리고 연산이 안 되거나 읽지 못하는 아이들을 열등생으로 분류하여 부모를 학교로 나오게 한다. 이로 인해 부모들은 7살이 되기 전부터 학습지와 학원으로 아이를 보내고 한글과 기본 연산 배우기를 시작한다.

간혹 초등학교 1학년이 곱셈과 나눗셈을 풀고 있거나 분수 문제를 푸는 경우도 본다. 국어와 다르게 수학의 선행학습은 많은 부작용이 있다. 아이의 발달 단계와 내 아이의 수준을 확인하지 않은 채 옆집 아이가 한다고 같은 학원을 보내고, 지금 배우는 것도 잘 모르는데 계속 다음 해의 수학을 미리 선행하고 있다. 선행학습을 하고 온 아이들은 학교 수업을 이미 아는 것으로 판단해서 수업을 주의 깊게 듣지 않게 된다. 배웠던 것을 학교 가서 또 배우라고 하니 수업에 흥미가 떨어지기도 한다.

때로는 공식만 외워서 문제를 전부 읽지도 않고, 기계적으로 푸는 아이들도 있다. 문장으로 된 문제를 문제의 숫자만 보고 공식을 외워서 푸는 것이다. 영리하게 숫자만 추려내서 공식을 대입하면 답이 맞게 나온다는 사실을 깨달았기 때문이다. 이런 방식은 아이들의 수학 사고력을 오히려 방해하게 된다. 새로운 개념에 관한 깊은 이해와 적용 없이 선행학습만으로 공식을 외우고 문제를 풀면 아이는 100점 맞을 수 없다.

차라리 복습을 시켜주는 것이 더 낫다. 지금 배우는 내용과 지나간 내용을 완벽하게 이해하고 100점을 반복해 맞는 것이 수학에 자신감을 가진 아이로 만들어준다. 나는 우리 아이가 3학년이 시작되는 겨울방학 동안 2학년 2학기 수학 문제집을 복습했다. 3학년이 시작되어 수학 교과서와 단원평가에는 2학년 2학기의 복습 수학과 3학년의 기초 수학이 겸해진 문제가 출시되어 아이에게 도움이 많이 되었다.

학교의 정규 수업은 선행학습이 금지되어 있다. 그래서 많은 부모들이 학원과 과외, 이런 사교육으로 아이들에게 선행학습을 시키고 있다. 인근의 모든 엄마가 선행을 하며 나에게 아이가 2학년이니까, 3학년 EBS 수학이라도 미리 풀리라며 잔소리를 할 정도였다. 그럼에도 나는 꿋꿋하게 2학년 최상위 수학 문제집으로 복습을 시켰으며, 내 아이가 수학을 선행할 만큼 뛰어난 실력이 아니라는 것도 알게 되었다.

아이가 개학을 하고 방과후 수업도 시작되었다. 우리 학교는 3학년이 되어야만 방과후 수학을 시작할 수 있었다. 드디어 나에게도 자유가 찾아왔다. 방과후 수학을 보내며 나는 아이와 수학 문제집으로 실랑이를 벌이지 않아도 되는 감사한 시간이 생긴 것이다.

방과후 수업은 학교 수업과 마찬가지로 선행학습이 금지되어 있다. 학교 수업과 한 박자 늦은 진도로 아이는 매번 방과후 수학 시간에 복습을 하면서 많은 칭찬을 받고 온다고 내게 자랑을 한다.

방과후 수업 드디어 본격적으로 시작할 수 있었다

나의 첫째 아이 영어 수업은 불리한 점이 많았다. 유치원에서 배운 기초 영어를 초등 방과후 영어 수업으로 이어가고 싶었지만, 박근혜 대통령은 방과후 영어 수업에 초등 1, 2학년을 제외시켰다. 주변의 많은 엄마들이 영어 학원과 어학원을 찾아다닐 때 나는 '도요새잉글리쉬' 영어 학습지로 대체하였다. 매일 15분씩 영어 학습지 공부를 하고 일주일에 한 번씩 10분간 영어 선생님과 영어 화상 수업을 하는 것이다. 그리고 가끔 내가 영어로 일상생활의 기초 회화를 질문하며 대답을 주고받고 했었다. 드디어 박근혜 대통령이 물러나게 되고, 2학년이 되어 이제는 학교 방과후 영어 수업을 시작했다. 지금부터 영어에 관한 나의 고민은 따로 할 필요가 없어졌다. 방과후 영어 공개 수업을 가보니, 내 아이가 가장 많이 발표하고, 신나게 영어게임에 집중하고 있었다. 2학년 2학기에는 아이의 영어 실력이 또래보다 높으니 3학년과 수업하겠다고 할 정도였다.

초등학교에 입학하며 영어 공부가 중단될 시점, 나도 인근의 엄마들과 함께 영어 학원과 어학원을 순회해보기도 했다. 나의 기억에 어학이란 꾸준함이 답이며, 모국어처럼 매일 일상생활에 노출하면 효과가 좋다. 나 역시 대학 졸업 후에도 쉬지 않고, 영어학원에 다니던 나의 노력으로 지금 몇 마디라도 할 수 있게 된 것이다.

하지만 고등학교와 대학 시절 전공했던 일본어는 대학 졸업 이후 사용하지 않게 되자, 지금은 더듬더듬 몇 마디도 자신이 없고 누구에게도 일본어 전공자라고 말하기가 어렵다. 이렇듯이 어학이란 매일 꾸준하게 노출하며 입으로 내뱉는 것이 최우선이다.

학원 따위 다닐 필요는 없다. 방과후 수업으로 충분히 학교 수업의 복습이 가능하다. 우리 아이가 1, 2학년 동안 학교에서 배운 방과후 수업은 참으로 다양했다. 방과후 실험과학 시간은 온갖 동식물을 구경하고 직접 만져보며 체험 실습지를 써오고, 그 외의 물리적인 장난감이나 기타 여러 가지 발명품 같은 것을 집으로 가져와서 한없이 쌓이게 했다.

클레이아트 시간은 아이에게 직접 손으로 만들어내는 창작 활동이 많다. 손과 눈을 활용해서 머리를 쓰게 한다. 그리고 입체적인 큰 틀에서 작은 성형물을 만들어 전체를 완성해가는 창작미술과 같은 수업이다. 매주 아이가 작품을 만들어오는 바람에 집안 거실과 책상, 화장대 등등 작품 전시공간이 부족할 지경이다.

올해는 우리 아이가 원했던 방과후 컴퓨터 수업과 방과후 외발자전거 수업을 다니고 있다. 올해 안에 컴퓨터 자격증을 따겠다면서 집에 와서까지 컴퓨터를 사용하게 해달라고 조르고 있다. 시키지 않아도 방과후

수학과 영어 과제는 학교에서 마쳐오고, 집에 와서는 이렇게 하고 싶고,
놀고 싶은 과목을 더 시켜달라고 떼쓰는 것이다.

우리 아이는 학교 방과후 수업에서 배우지 못하는 피아노 학원만 현재
다니고 있다. 피아노 학원을 가는 조건으로 나는 아이에게 학교 방과후
바이올린 수업을 함께 배우게 했다. 피아노 학원에서 음악의 기초 이론
을 배우기 시작했으니, 악보 보는 방법은 학원에서 배우고, 학교 방과후
바이올린 수업에서 실제적인 연주 기법만 배우면 빠르겠단 생각이 들기
때문이었다. 그리고 작년 방과후 성과 발표회에서 1년도 못 배운 바이올
린 실력으로 학교 발표회 무대에 오르게 되었다. 배운 지 얼마 안 된 아
이인데, 마치 1년 넘은 아이처럼 제법 연주한다고 칭찬도 받게 되었다.

우리 아이에게 방과후 수업은 학교 놀이터다. 재밌게 공부하고, 신나
게 뛰어놀며, 선생님들께 사랑을 독차지한다는 내 아이는 방과후 수업
모범생이다. 학원이나 과외 따윈 방과후 수업에서 모자란 과목만 대체해
도 충분하다. 선행학습을 못 시켜서 불안해할 필요는 없다.

2 공부근육을 키워야 공부 습관이 된다

공부근육은 스스로 키워가는 것이다

나는 아이와 다른 환경에서 지금과 다른 스타일의 교육을 받아왔듯이 우리의 부모님 세대는 나와 또 다른 세상에서 살아오셨다. 나의 어머니는 시골에서 형제 많은 가난한 집안의 장녀로서 학교를 다니지 못하고, 돈을 벌려고 일찍 나섰다. 그런 우리 엄마의 막내 동생 이야기를 하려고 한다.

그는 나보다 6살이 많다. 오빠라고 해도 믿을 만큼 나와는 나이 차가 많지 않다. 나와 함께 외할머니의 젖가슴을 한쪽씩 나눠 잡고 잠든 기억이 있으니 말이다. 외삼촌은 3남 4녀의 막내아들로 태어나 부모의 아무런 지원을 받지 못하는 상태였다.

그는 스스로 중학교에 다니면서 신문 배달을 하여 용돈을 벌고 남는 시간에 공부하여 지역에서 으뜸이라는 고등학교에 진학했다. 고등학교에서도 전교 1등을 놓치지 않고, 서울대 치대에 진학했지만, 실패라는 고배를 마시고 인하공대에 장학생으로 입학했다. 이후 대학을 다니면서도 과외와 아르바이트를 병행하면서 학업에 열중하였다. 외삼촌은 공부를 쉬는 날이 없었다. 그는 학원에서 영어를 배우지 못하는 날에도 주변 가족과 친구, 그리고 사촌동생인 나에게까지 영어로 대화를 하고, 전화통화를 하며 쉬지 않고 영어를 계속했다.

이런 모습은 나에게 오랫동안 스트레스가 되었다. 내가 고등학생이 되며 어머니는 자수성가한 남동생과 자신의 딸을 비교하면서 늘 잔소리를 하셨기 때문이다. 그는 이후 국가 장학생으로 미국으로 유학을 가게 되었다. 본인의 근면 성실함과 피땀 어린 노력을 기울여 미국에서 대학과 대학원을 마쳐 미국 보잉사에 취직하게 되었다. 그에게는 가난을 벗어나고자 하는 누구보다 강렬한 동기부여가 있었다. 그래서 중학생 시절부터 아침 일찍 일어나 공부를 하고, 공부근육을 키우는 예습과 복습을 놓치지 않고 매일 해야만 한다고 나에게 조언했다.

지금은 이런 가난으로 인해 공부에 매진하고, 열정을 다하는 사람이 드물다. 한국에서 아무리 공부를 잘해봤자, 박사가 되어도 월급쟁이 교수가 되거나 시간 강사로 이 대학 저 대학의 메뚜기강사가 될 뿐, 그 박사학위를 인정받고 먹고살 만큼의 부자가 되지 못한다. 그래서 한국의 수많은 인재들이 외국으로 나가 한국을 외면하는 것이 현실이다. 나의 아이를 그렇게 키우겠다는 것은 아니다. 지금 시대에서는 학위나 박사님으로 오래 공부하는 것이 부자가 되는 길이 아니라는 것을 말하고 싶다. 나는 아이가 자신의 꿈과 희망을 이루기 위해서 자신의 성적과 학력이 발목을 잡지 않을 만큼만 공부하길 바란다. 환경이 끊임없이 변화하듯 우리가 학교를 졸업하고 맞이한 세상은 이전과 너무나 다르다. 한국 내의 일자리가 부족하고 일반 직장의 불안한 고용 상태로 인해 전 국민의 공무원화가 되어가고 있다. 게다가 코로나19의 여파로 경제 상황도 취업이나 공부를 하는 것도 모든 것이 악화되었다. 그래서 나는 아이에게 무한한 꿈과 미래를 위해 기본적인 공부는 해야만 한다고 강조하고 있다.

학습 동기는 공부근육을 키우는 힘이다

그 기본의 공부를 위해 우선 할 것이 공부근육이다. 공부도 체력과 마찬가지로 근육이 없다면 꾸준히 오랜 기간 집중할 수가 없다. 이런 공부근육이란 스스로 하고 싶은 마음과 바른 태도로 길러진다. 공부근육을 키워줘야 공부 습관이 되는 것이다.

아직 나이가 어린 아이에게 나는 공부에 대한 필요성과 학습 동기가 끊이지 않도록 가르치며 노력했다. 아이는 본인의 동기가 없는 날은 공부를 너무 힘겨워했다. 엄마나 아빠가 함께 자리를 지키고 있으면 30분도 안 되어 마칠 공부를 혼자서 3시간이 지나도 남아 있는 경우가 생긴다. 학교를 마치면 집에 오자마자 그날의 숙제를 마쳐야만 TV를 보거나 유튜브를 시청할 수 있게 해줬다. 숙제를 일찍 마친 날은 용돈을 주기도 했다. 잔소리와 협박, 칭찬과 선물, 용돈 등 여러 가지 방법을 총동원하여 매일 복습하는 습관을 잡아주려 노력했다.

초등 1학년이었던 1년 동안은 학교에서 영어, 수학 방과후 수업이 불가하여 집에서 나와 매일 영수 공부근육을 키우기 위해 전쟁을 치렀다. 복습도 버거워하는 아이에게 선행학습은 꿈도 꾸지 않았다. 방학 기간은 문제집으로 복습을 하게 했으며 그것만으로도 충분했다. 이런 공부근육이 생기지 않으면 공부 습관은 잡히지 않는다. 이제는 매일 스스로 학교 숙제는 학교에서 먼저 마치고 방과후에서 배우지 못하는 과목만 집에서 학습지 수업을 하고 있다. 아이와 함께 지나온 1~2년간 공부근육을 키워주기 위해 애썼다. 그 공부근육이 이제는 아이에게 공부 습관이 되어 스스로 숙제를 차분히 마치고 있다.

아이의 공부근육을 키우는 방법으로 나는 아이가 좋아하는 일 하나를 하려면 엄마가 원하는 일 하나를 같이하기로 했다. 아이가 발레를 원할 때 주산 수업을 함께 병행했듯이 아이가 방과후 댄스 수업을 원할 때 나는 방과후 역사논술 수업을 같이하게 했다. 역사논술 수업은 나처럼 너무 일찍 시키면 부작용이 생긴다. 수업 중 만들기만 신나게 하고 정작 역사 수업 자체를 못 따라가게 된다. 아직 역사적 배경 지식이 없고, 수업의 내용을 이해하기에는 독해력부터 모자라기 때문이다. 역사논술 수업은 기본적인 독해력이 쌓인 3~4학년부터 시작하는 것이 좋다.

이렇게 아이의 공부근육을 키우기에는 아이의 동기부여가 가장 크다. 나는 아이가 꾸준히 스스로 즐겁게 공부하도록 늘 동기부여에 힘쓰며, 공부근육이 공부 습관으로 잘 정착되도록 노력하고 있다. 또 하나 즐거운 동기부여는 책거리이다. 공부근육을 키워주며 중요한 것은 아이가 100% 성취감을 느낄 수 있어야 한다는 것이다. 성취감 덕분에 '또 해봐야겠다'는 생각이 든다. 부모는 과정과 결과에 대해 비난하지 않아야 하고 감시를 해서도 안 된다. 아이가 스스로 갖는 자신감은 무엇과도 바꿀 수 없는 최고의 선물이 된다. 그래서 나는 아이가 지금까지 풀어온 문제집을 버리지 않고 한곳에 모아두었다. 네가 이뤄낸 결과물들에 대한 자부심과 한 권 더 풀어야겠다는 동기부여에 도움이 되었다.

대부분의 초등학생 수준의 아이는 관심 시야가 좁다. 자기 주변의 것만 보이고 어떤 하나에 오랫동안 관심을 두거나 관리하는 힘도 부족하다. 그런데 공부근육이 깊은 아이는 이런 부분에서 우수하다. 다른 친구들보다 주변의 사물과 상황을 훨씬 폭넓게 인지한다. 사소한 문제들이 생겼을 때 그것을 해결하는 능력도 뛰어나다. 일상의 크고 작은 일을 겪으며 벽에 부딪혔을 때 느끼는 불안감도 이 아이들은 훨씬 작게 나타난다. 공부근육은 처음에는 생활 주변의 사소한 경험에서 쌓이기 시작하지만, 학년이 올라갈수록 공부해야 하는 과목이 늘어나고 어려워지면서 공부 습관이 되기 때문에 성적에도 영향을 발휘하게 된다.

내 아이는 동네 친구들과 같은 학습지를 시작하였다. 같은 나이의 같은 유치원, 같은 학습지를 하는 아이들의 실력이 비슷하려니 생각했다. 친구 아이는 학습지 과제를 매일 밀리고 하기 싫은 일의 반복으로 학습지 선생님이 방문하는 날까지 미루고 다 못 하는 아이였다. 내 아이는 매일매일 일정량을 꾸준히 풀고, 모두 100점으로 채워나갔다. 선생님을 만나는 날은 거의 검사만 하고 칭찬만 받았다.

그 친구들이 학교에 입학하여 실력이 드러났다. 1학년 문제부터 내 아이는 항상 100점을 맞아 칭찬만 받고, 그 친구는 늘 틀리는 문제가 많아 공부를 점점 더 멀리하게 되었다. 그리고 내 아이에게 넌 공부 잘하고 선생님께 늘 칭찬받는 아이라고 시샘을 하게 되며, 내 아이와 점점 멀어지게 되었다.

공부근육은 꾸준하고 성실한 자세에서 먼저 시작된다. 한 번 밀리거나, 빠뜨린 숙제는 한 번이 2번 되고, 그 2번은 습관이 되어버릴 수도 있다. 어떤 부모는 '그래도 매주 선생님이 오시니까 공부하는 거지.'라고 치부해버리기도 한다. 칭찬으로 길들여진 아이는 자존감뿐 아니라 자신감도 높다. 2학년이 되어 내 아이는 반에서 수업 진도를 못 따라오는 친구를 가르쳐주고, 도와주는 학습 도우미 역할을 맡게 되었다. 가르쳐주는 행동 자체가 친구를 위한 배려이며 스스로도 즐거운 일이 되고 있었다. 이렇게 건강하게 키워진 공부근육은 아이가 성장할수록 여러 영역으로 뻗어나가게 된다.

공부의 기준은 남과 비교하는 것이 아니라 내 아이에게 맞춰야 한다. 아이의 과거와 현재 모습을 비교해야 한다. 이렇게 자신감을 형성한 아이는 다른 아이들의 속도에 조바심을 내지도 않고, 본인이 뒤처진다고 생각하지 않는다. 아이의 공부는 멀리 내다봐야 한다. 초등학교 성적이 그 아이의 평생 성적을 좌우할 수는 없다. 이때 공부근육이 잘 다져지면 중학교, 고등학교를 지나면서 실력을 발휘할 수 있다. 잘 키워진 공부근육은 아이의 평생 좋은 공부 습관이 된다.

3 과정 중심으로 가르치는 중학교 자유학년제

초등학교는 이미 과정 중심 평가제를 시행 중이다

내 아이는 초등학생이다. 나는 아이가 자라면서 겪을 중학교, 고등학교, 대학교의 미래 모습과 아이가 미리 대비할 공부와 준비할 학습에 대한 관심이 많은 부모 중 한 명이다. 요즘 초등학교 성적표는 과거, 나의 성적표와 아주 판이하게 다르다. 내 시험지는 점수로 평가되고, 성적표에는 '수, 우, 미, 양, 가'라는 등급으로 나를 기록해두었다. 하지만 지금 나의 아이는 초등학교에서 시험을 보지 않는다. 진단평가를 보거나 수업한 과목별 단원평가를 보는 날도 있다. 이런 시험은 예고되는 날도 있지만 교사가 예고 없이 임의로 하는 날도 있었다.

단원평가나 진단평가가 예고되는 날은 나는 아이와 함께 시험 범위를 복습하고, 문제집으로 예비시험을 보고 나서야 내 마음이 안심되었다. 늘 시험은 아이가 보는데, 엄마인 내 마음이 떨리는 것일까?

지금의 초등학교는 '과정 중심 평가제'라고 하여 시험의 스타일이 완전 변했다. 기존에 아이들을 평가하던 방식인 중간고사, 기말고사가 사라졌다. 구체적으로 살펴보면 서술형, 논술형, 구술시험, 토론법, 실기시험, 실험실습, 면접, 관찰법, 자기평가, 및 동료평가, 연구보고서 등의 다양한 방식으로 아이들을 평가한다. 특히 교과서에서 하는 활동을 중심으로 수행평가를 실시한다. 예를 들어 국어 교과서에서 '바른말을 사용하자'를 배운 이후 아이는 친구가 바른 말을 사용했는지, 얼마만큼 변화했는지를 서로 평가해주고 평가를 받았다.

그리고 새롭게 도입된 것이 바로 단원평가이다. 이전의 시험은 학기의 중간과 끝에 시험을 봐야 했기 때문에 시험 범위가 넓어서 스트레스가 많았다. 단원평가는 한 단원이 마칠 때마다 시험을 보는 것으로 시험 범위에 대한 부담감이 줄었다. 국어 같은 경우는 제시문을 읽고, 내용을 파악하는 사지선다형과 단답형 문제이며 중심문항을 찾는 문제와 서술, 논술형 문제 등으로 구성되어 있다. 수학은 단순 연산 문제와 제시문을 파악하여 문제를 푸는 제시문 파악 문항으로 구성되어 있다.

그렇다면 어떻게 내 아이의 수행평가와 단원평가를 준비해야 할까? 거기에는 정확하게 문제를 이해하는 능력이 필요하다. 나의 아이도 시험을 보면서 문제의 뜻을 이해하지 못해서 틀리는 경우가 있었다. 시험지의 문제를 구체적으로 설명해주자마자 아이는 답을 단번에 찾아낸 것이다. 문제를 이해하는 능력을 키우는 방법은 여러 번 읽기이다. 처음 읽을 때는 중심 내용이 무엇인지 찾고 어떤 등장인물이 나타나는지 찾아야 한다. 다시 읽을 때는 작가가 왜 이런 이야기를 하는지 그리고 질문을 다시 읽으며 작가의 의도를 찾는 것이다.

아이들은 독서할 때 생각 없이 글자만을 읽거나, 단순하게 주요 스토리만 알고 넘어가는 경우가 대다수이다. 이것은 독서를 통해 생각하는 힘을 기르지 못한 경우이다. 생각하는 힘이 부족하면 시험문제의 주제나 교사의 의도를 파악할 수 없고 문제의 답을 찾지 못한다.

나는 작년 어느 날, 남편에게 첫아이의 과제를 맡긴 적이 있었다. 남편은 9살 딸의 서술형 수학 문제집을 가르치면서 문제 안에서 답을 찾아내라며 이해될 때까지 10번이고 계속 반복해서 읽으라고 소리치고 있었다. 아직 이해력과 독해력이 낮은 9살에게 수능 공부하듯 지문 안에서 교사의 의도를 파악하라고 타박을 하는 것이다. 문제를 같이 읽어주고 지문 속의 문제의도와 문제의 답을 찾는 방법과 요령을 먼저 가르쳐준 후에 혼자 해보도록 해야 하는데 말이다. 이후 나는 남편에게 아이의 과제를 부탁하지 않았다. 문제집의 채점만 부탁하고 있다. 지금은 10살 아이의 독해력과 어휘력을 올리는 것이 우선이다. 이전에 강조했던 공부머리 키우는 독서의 힘을 더 자라도록 도와줘야 하는 것이다. 이렇게 야단만 치는 것은 아이의 자존감과 자기효능감만 떨어지게 한다. 부정적인 잔소리와 참견은 아이에게 스트레스만 쌓이며, 항 스트레스 호르몬인 코르티솔이 다량 분비되게 한다. 코르티솔은 기억력을 관장하는 해마의 능력을 떨어뜨리게 되므로 공부에 아무런 도움이 되질 않고 오히려 더욱 방해만 될 뿐이다.

초등학교 수업을 과정 중심 평가를 받던 아이는 6학년 졸업을 마치고 중학교에 올라가면, 1년간 자유학년제라고 하여 일반적인 중간, 기말고사가 없는 시험 없는 1년을 지내게 된다. 자유학기제를 학교별로 1학기 혹은 2학기를 모두 취하는 등 학교마다 상이했지만, 이제는 자유학년제로 1년으로 변경되었다.

중학교에서는 자유학년제를 시작했다

그렇다면 자유학기제, 자유학년제에 대해 알아보자. 자유학기제란 중학교 과정 중 하나로 1학기 혹은 2학기 동안 지식, 경쟁 중심에서 벗어나 학생 참여형 수업을 실시하고 학생의 소질과 적성을 키울 수 있는 다양한 체험 활동을 중심으로 교육 과정을 운영하는 제도이다. 2019년 신입생부터는 대부분의 학교가 자유학년제로 바꾸어 실시하였다. 자유학기제의 운영과 확산으로 인해 최근 초등학생들에게도 자유학기제는 관심의 대상이 되고 있다.

자유학년제 기간에 이뤄지는 학교생활은 크게 교과 수업과 자유학년 활동으로 나눌 수 있다. 오전에는 주로 국어, 수학, 영어, 사회, 과학 등의 주지 교과를 중심으로 한 교과 수업이 이뤄지며, 오후에는 진로 탐색 활동, 주제 선택 활동, 예술, 체육 활동, 동아리 활동 등 자유학년 활동이 이루어진다.

자유학년제 기간에 교과 수업은 토론, 실험, 실습, 프로젝트 학습 등 전 과정에 학생이 주도적으로 참여하는 방식으로 진행되기 때문에 교과 내, 교과 간 교육 과정 재구성과 수업 방법의 개선이 필수적이다. 이에 대한 평가는 관찰평가, 자기성찰평가, 포트폴리오평가, 수행평가 등을 통해 이뤄진다. 기존의 학력 위주 평가는 이뤄지지 않는다.

자유학년제 활동의 핵심이라고 할 수 있는 진로 탐색 활동과 관련하여 진로 체험처를 확보하는 것이 중요한데 자유학기제 지원센터에서 다양한 진로 체험처와 학교를 연결해주는 일을 하고 있다.

이런 자유학년제의 장점으로는 지식, 경쟁 중심에서 벗어나 학생참여형의 수업과 다양한 체험 활동을 실시하는 것이다. 중간, 기말고사를 보지 않고, 학생들이 적극적으로 자발적으로 수업에 참여하는 것이다. 또 다른 장점으로는 아이들의 꿈을 찾게 도와준다는 것이다. 중1은 14살이다. 20살 성인이 되는 시간까지 6년밖에 남지 않았기 때문에 학생들 스스로 자신이 미래에 무엇을 할지, 진로에 대한 고민을 시작하는 시기이다. 꿈에 대한 어느 정도 기반을 잡는 것이 동기부여와 공부 효율을 올리는 데도 도움이 된다.

중1이 되는 1년간의 자유학년제 시간에 기존의 주입식, 암기식 학습만을 계속하기보다는 학생들을 위한 체험 활동을 통해 장래의 꿈을 키워주며, 미래 직업에 대해 더 깊게 생각할 시간을 줄 수 있는 매우 효율적인 시간이 되었으면 하는 바람이 있다.

하지만 이런 자유학년제의 기간을 반대의 시간으로 활용하는 부모도 많다. 1년간 자녀의 학습 능력을 다른 친구보다 더 올려야 한다면서, 혹은 지금 1년간 따라잡아야 한다면서 오히려 더 많은 학원과 과외를 받는 학생들이 있다. 중1 기간에 혼자서 더 많은 선행을 이뤄서 중2 시험에 우수한 점수를 받길 바라는 부모의 욕심 탓이다. 이야기했다시피 너무 앞선 학원의 선행은 어차피 자녀에게 큰 도움이 되지 않는다. 차라리 그 시간에 중1 수학을 복습하면서 실력을 탄탄히 다져놓는 스스로 학습을 도와주는 것이 효과적이다. 그리고 그동안 미뤄뒀던 책을 읽을 수 있도록 독서 시간을 늘려주는 것도 배경 지식을 키워주는 좋은 시간이 된다.

4 자신감은 공부 습관을 키우는 일등 공신이다

상상의 힘은 자신이 원하는 미래를 현실로 불러온다

『상상의 힘』이라는 책에서 저자 네빌 고다드는 말한다. 상상의 힘으로 현실을 창조해낼 수 있다고 말이다. 결말의 관점에서 생각하고 긍정적으로 상상하면 현실을 원하는 대로 만들 수 있는 방법이 있다고 말한다. 긍정적인 생각은 실제로 뇌 신경세포 사이의 회로를 열어주고 새로운 회로를 형성시킨다. 따라서 '결국 나는 할 수 있어'라는 생각은 활발한 두뇌 회전을 일으켜서 문제 해결을 위한 새 아이디어를 만들어낸다. 하지만 '난 못 해'라는 부정적 생각은 회로의 흐름을 방해하거나 억제한다. 공부도 마찬가지다. 스스로에 대한 긍정적인 자기 가치가 공부에 대한 자기

가치로 연결된다.

우리 아이는 학교 시험에서 늘 1~2개를 틀려서 나의 속을 애태웠다. 분명 배웠던 내용이고 복습했던 문제인데, 또 틀리니 엄마인 내 입장에서 마음속에 천불이 난다. 마음을 다스리고 1년 동안 격려를 했다.

"다음엔 100점 맞을 수 있겠다. 오늘은 아깝게 2개 틀렸네. 다음에 더 잘할 수 있을 거야!"

3학년이 된 지금 아이는 당당하게 자랑한다.

"엄마, 나 오늘 시험에서 100점 맞았어!"라고 자랑한다.

"어떻게 100점을 받았어?"라고 물었더니, "엄마가 시킨 대로 나 시험 전에 '오늘은 100점 받아야지, 난 할 수 있어!'라고 생각하고 시험 쳤어!"라면서 이렇게 예쁜 결과를 가져다주었다.

내면의 힘이 갖춰지면 공부 성적은 부수적으로 따라온다. 더군다나 공부 잘하는 아이에겐 이 힘이 더 효과적이고 강하게 작용한다. 아이 내면의 가장 중요한 요소라고 생각한 것은 '자아존중감'과 '자기효능감'이다.

이 2가지 능력은 자기 가치의 힘을 올리는 핵심이기 때문이다. 자아존중감과 자기효능감이 균형 있게 발달될 때 아이의 공부 습관은 저절로 향상된다.

자아존중감(자존감)이란?

자기 스스로를 존중하는 마음이다. 쉽게 말하자면, '아이가 스스로에게 매기는 자신의 가격' 혹은 '자기의 가치를 자신이 평가한 정도'라 말할 수 있다. 교육학에서는 자아존중감을 '긍정적 자아상'이라고 한다. '자아'란 한 개인을 독특하게 만드는 특성, 동기, 가치관, 행동에 대해 자신이 갖는 인상으로 결국 여러 가지가 통합된 '나'를 의미한다.

아이의 자존감이 잘 발달하려면, 무엇보다 아이가 자신에게 중요하고 의미 있다고 생각하는 사람에게서 꾸준히 긍정적이고 호의적인 느낌을 받아야 한다. 아이는 어떤 행동을 한 후에 부모가 어떻게 생각하는지를 궁금해한다. 이때 부모가 긍정적인 반응을 보이고, 성과를 칭찬해주면 자신의 가치를 확신하게 된다. 계속 이런 긍정적 반응을 경험하게 되면 아이는 자기 자신에 대한 좋은 평가를 마음속에 담고 키워 나가게 된다.

내가 어떤 말과 어떤 행동을 하든, 공부를 잘하든 못하든 상관없이 '나'

는 사랑받아 마땅한 사람이란 생각이 스스로를 믿는 힘이며 자아존중감이다.

교실에서 방과후 미술 시간에 실수로 팔레트의 물감을 바닥에 쏟은 일이 있었다. 한 아이는 혼날까 봐 쏟아진 물감을 정리하려 열심히 바닥을 닦고, 두 번째 아이는 어찌할 바를 몰라 울고만 있다. 세 번째 아이는 쏟아진 물감들이 섞여서 특이한 색깔이 되자 그 색상으로 그림을 더 신나게 그리고 있다.

우리 아이는 어느 편에 속하길 원하는가? 엎어진 물감을 직면한 3명 아이의 반응이 제각각 다르다. 나의 첫째 아이는 내게 혼날까 봐 쏟아진 물감을 닦기 바빴을 것이다. 하지만 대다수의 아이는 실제로 어쩔 줄 몰라 하며 선생님께 구조 요청을 하는 경우가 대부분이다. 그중 아주 드물게 한 명이 치우는 것도, 혼나는 것도 잊고 새로운 색깔에 빠져 본인의 창조 활동에 매진하는 것을 보았다. 쏟아진 물감의 새로운 색에 빠져든 그 아이는 나의 둘째 아이였다. 이렇게 아이들의 성향과 자존감은 다르다. 하지만 교실에서 울고만 있고, 선생님이나 엄마가 항상 따라다니며 해결해주길 바라는 아이로 키우고 싶지는 않다. 이렇게 나는 둘째가 생김으로 첫째 아이의 자존감 키워주기를 실패했지만, 다시 무너진 자존감을 올려주기 위해 고군분투하고 있다.

아이의 자존감 도둑은 엄마였다

2년 전 나는 한창 바쁘고 매일매일 살기가 힘에 부쳐 부정적인 시기가 있었다. 당시 나는 첫째 아이를 긍정적이고 살뜰히 살펴줄 여유가 없었다. 둘째가 아직 어리고, 직장과 집안일에 육아까지 도맡아 너무 힘든 시기였다. 남편은 당시 직장과 운동으로 집안일을 거들거나, 육아를 살펴주지 못할 때였다. 첫째는 이제 막 1학년 입학을 하여 스스로도 학교에 적응하느라 힘든 시기를 보낼 때였다고 이제야 난 반성했다. 첫째는 내게 끊임없이 관심을 요청하고 수시로 나를 귀찮게 하며 애정을 갈구했지만, 나는 매번 매몰차게 "넌 첫째잖아, 유치원도 졸업했으니 이제 혼자서 해야지, 왜 배운 건데 또 틀렸어!"라는 아이의 자존감을 떨어뜨리는 엄마였다.

그러자 아이는 툭하면 울고, 보채고, 친구가 놀린다면서 칭얼대고 속상해하면서 혼자 방 안에 들어가 스스로 문을 닫아버렸다. 첫째와의 이런 소통의 문제로 나는 수많은 육아서와 교육 관련 책을 많이 접하고 배워나갔다. 열심히 노력한 결과 내가 먼저 변하기 시작하고 아이의 자존감 올리기에 집중할 수 있었다.

그 결과 첫째 아이는 이제 친구들의 장난이나 놀림에 울면서 도망가지 않는다. "아닌데~ 아닌데~ 네가 더 바보인데~."라면서 무시하기도 한다. 자아존중감이 높은 아이는 공부도 잘하는 경우가 많다. 어렸을 때부터 든든하게 지지를 받은 마음은 힘든 공부를 하는 데 긍정적인 작용을 하기 때문이다.

나의 어머니는 이혼녀로 직장일과 집안일을 혼자 감당해야 하는 외로운 가장이었다. 나는 엄마에게 도움이 되고자 열심히 공부하여 우수상을 여러 차례 받았지만, 바쁜 엄마는 나의 자아존중감을 키워줄 시간이 없었다. 내 상장은 김치 국물이 묻은 채 여기저기 굴러다녔고, 나는 공부에 대한 흥미를 잃어버리게 되었다. 내가 받지 못한 긍정적인 지지를 나는 아이에게 보내주고 싶었다.

자기효능감이란?

숙제를 마치고 목표에 도달할 수 있는 자신의 능력에 대한 본인 평가를 말한다. 자신이 성공할 수 있는 의지와 능력을 가지고 있고, 중요하고 유능한 사람이라고 믿는 것이다. 이런 스스로에 대한 신뢰는 모든 행동의 동기가 되며 건강한 성격을 가진 어른으로 성장시킨다. 이 경험이 많을수록 자신에 대해 긍정적인 인식을 하고 어떤 어려움과 고난이 닥쳐도 이 시련을 이겨내고 극복해나갈 수 있다는 믿음이 생긴다.

자아존중감은 주관적인 마음이다. 자신은 사랑받고 있는 존재라 느끼며 이것은 구체적으로 증명할 수 없다. 자기효능감은 좀 더 실체적이고 구체적 경험에서 비롯된다. 자기효능감은 경험으로 얻어진 마음이기 때문에 실패했을 때도 자신은 얼마든지 다시 성공할 수 있다는 믿음이 있다.

나의 첫째는 유치원 씨름대회에서 2등을 차지하고 울며 돌아온 날이 있었다. 첫째는 유치원에서 칭찬을 많이 받고, 친구들을 리드하는 아이라서 자존감이 높은 아이였다. 씨름대회의 마지막 결승에서 아이와 겨룬 친구는 유치원 동갑내기 중 가장 키가 크고 덩치가 큰 아이였다. 겨뤄보지 않아도 누가 보아도 상대방의 우승을 점칠 정도였다. 하지만 이 결승은 2차전까지 승패를 겨룰 수 없을 정도로 팽팽하게 진행되어 선생님들이 아이들을 진정시키고, 다시 경기를 재개하고를 반복했다고 한다. 덩치 큰 아이가 내 아이를 쉽게 넘기리라 예상했지만, 의외로 내 아이가 잘 버티자, 그 아이는 샅바를 쥐고 있던 손으로 내 아이의 허벅지를 마구 꼬집어서 다리가 온통 멍들어 2위를 자치하고 말았다. 다음 대회에서는 꼬집는 반칙 행위를 선생님께 말씀드리라고 했으며, 오늘은 아이에게 우승과 마찬가지로 잘했다고 격려해주었다.

자기효능감이 긍정적으로 사용되면 성공 경험으로 쌓은 결과에 집중하지 않고 과정의 의미를 이해하고 자신의 가치를 깨닫게 된다. 우리 삶은 도전과 과제의 연속이기 때문에 한두 번 성공했던 그 결과에 연연하지 않는 자세를 배우는 것이다. 내 아이처럼 한 번의 실패로 인해 자존감과 자기효능감이 떨어지지 않도록 응원해야 한다. 공부에서도 자기효능감은 중요하다. 아이에게 '열심히 공부했는데 이번 단원평가에서 점수가 별로네. 이거 왜 틀렸지?'라고 생각하며 실패에 개의치 않도록 해야 한다. '다음에는 더 잘하면 되니까.'라고 격려해주어야 한다. 방법을 찾기만 하면, 실패 원인을 찾으면, 스스로 다음은 100점을 맞을 수 있다는 자기 신뢰를 마음 바탕에 깔아주자.

그리고 다음 목표는 자신이 직접 설정하도록 하자. 바라는 목표가 분명하고 그 목표를 향해 가기 위해 무엇을 해야 할지, 어떤 노력을 해야 할지에 대해 스스로 탐색하고 부지런히 나아가는 것. 지금의 부족함도 노력으로 만회할 수 있다는 것은 아이의 자신감과 건강한 자기효능감에서 나온다. 이런 건강한 자존감과 자기효능감은 공부머리를 키우고 공부 습관을 키우는 일등 공신이다.

5 공부머리는 독서로 자란다

독서 천재들은 위인이 된다

우리나라 역사상 가장 존경받는 왕 세종은 지식과 인성, 창의성까지 두루 갖춘 인재였다. 세종은 셋째 아들임에도 왕위를 물려받았다. 선왕 태종은 그 이유를 '천성이 총명함과 민첩함이 있고, 학문을 좋아하며, 치체(治體, 정치의 요체)를 알아서 매양 큰일에 헌의(獻議, 윗사람에게 의견을 아룀)하는 것이 진실로 왕세자로 합당하다'고 밝혔다.

세종은 어려서부터 다방면의 책을 전문가 이상으로 읽어 지식을 쌓았다. 세종은 수많은 책을 읽고 경전의 문구나 외워 잘난 척하는 것을 경계

했다. 세종은 논어, 맹자, 중용 등과 같은 경서(經書)는 100번씩 읽었고, 그 외 책을 읽을 때도 반드시 30번씩 읽었다고 한다. 또한, 읽은 내용을 정리하고 비교하는 데 탁월했다. 이런 능력이 세종을 창의형 인재로 만든 밑거름이 된 것이다.

아버지 태종은 아들이 몹시 추울 때나 더울 때도 밤새 글을 읽어 병이 날까 두려워 항상 밤에 글 읽는 것을 금하였다. 세종은 이렇게 밤낮을 가리지 않고 책을 가까이할 정도로 학문을 좋아한 군주였기에 우리 역사상 가장 훌륭한 정치와 찬란한 문화를 꽃피웠으며, 후대에 모범이 되는 왕으로 남은 것이라 생각한다.

마이크로소프트 창업자 빌 게이츠는 '오늘의 나를 만든 것은 하버드 대학이 아니라 동네 도서관이었다'고 하며 독서의 중요성을 강조했다. 워런 버핏과 빌 게이츠의 토론회 중, 진행자가 빌 게이츠에게 "당신이 가지고 싶은 초능력은 무엇인가요?"라고 물었을 때 그의 대답은 이러했다.

"책을 엄청 빨리 읽는 능력(Read books super fast)!"

이처럼 세계 역사 속의 중요 인물과 현존하는 인물들, 세상을 바꾸는 리더들은 어려서부터 독서를 통해 다양한 영역을 넘나드는 지식을 쌓았고, 그 지식을 응용하여 남다른 통찰력을 가지고 인류 역사에 의미 있는 기록을 남겼다.

최근 인공지능의 증권 투자 실력을 테스트했다는 뉴스가 있었다. 수십 년간의 데이터를 기반으로 모의 투자하게 했더니 매우 높은 수익률을 달성했으며 특히 인간이 감정에 휩쓸려 실수하기 쉬운 위기 상황에서 인공지능의 모의 투자 수익이 훨씬 컸다고 한다.

그리고 하나의 예시를 더 들어보겠다. 우리는 이전 2016년 이세돌과 인공지능 컴퓨터 알파고의 세기의 바둑 대전을 보며 느꼈다. 많은 사람들이 이미 알파고를 이기지 못할 것이라는 추측이 우세했지만, 그래도 사람인 이세돌이 이겨줬으면 하는 응원을 나도 함께했다.

결론은 5국의 경기에서 알파고가 4승으로, 1승을 한 이세돌을 이겨 인공지능을 넘어설 수 없는 인간의 한계를 증명했으며, 3국 패배 후 이세돌은 말했다.

"이세돌의 패배이지 인간의 패배가 아니다."

그리고 4국 승리 후 이세돌은 '흑으로 이기고 싶다'고 한다. 여기에서 인간과 인공지능의 차이가 드러났다. 알파고는 승리를 위한 계산에 최적화되어 있음으로 승리하기 위해 백을 선택하지만, 이세돌은 흑을 선택하여 스스로 파악한 약점(백을 쥐고 경기하면 경기 마감 후 1점의 승점을 미리 받고 간다)을 안고 5국의 경기를 시작했다. 이세돌은 스스로 승리보다 더 중요한 가치의 실현을 위해서 쉬운 길을 포기하고 어려운 길로 5국을 치른 것이다.

4차 산업혁명의 주인공인 인공지능은 이렇게 진화를 거듭하면서, 사람이 하던 일을 로봇으로 대체하는 경우가 늘고 있다. 미국의 아마존에서도 물류센터에는 로봇들이 업무를 수행하고 있다. 얼마 전 우리나라의 쿠팡 물류센터에서 코로나 사태로 배송 대란이 있었던 만큼 쿠팡 역시 아마존처럼 배송 로봇을 투자하여 인력을 대체하지 않을까 싶다.

이런 현실을 보면 지금부터 우리 인간은 인간 고유의 특성을 살려야 차별성과 경쟁력을 가질 수 있다고 생각한다. 어떤 상황을 다각적인 면에서 판단하는 종합적인 사고력과 불특정한 상황에 대처하는 능력, 상황의 타당성을 판단하는 비판적인 사고력, 어떤 경계도 필요 없는 무한한 상상력과 창의력을 발휘하는 것은 인공지능이 넘볼 수 없는 영역이다.

이 능력은 우리 아이들에게 키워준 공부머리와 세상이 연결되는 능력이다. 이런 공부머리를 키워주는 것은 어릴 때부터 인간 고유의 차별성을 개발하는 것과 같은 것이다. 이것의 출발이 바로 책이다. 독서를 단순하게 공부 잘하기 위한 수단으로만 가르치면 안 된다. 독해력과 어휘력을 바탕으로 내용 파악과 단편적 지식만 얻는 것은 컴퓨터나 인터넷으로도 충분하다. 독서는 이렇게 단순 지식, 정보 습득을 넘어서 읽기와 사고력, 몰입, 정서 조절, 자율성, 공감력, 문제를 찾고 해결하는 능력, 이해하고 표현하는 능력을 연습하는 것이다.

독서는 뇌를 쉼 없이 움직이게 하는 지적 활동이다

독서는 글자를 통해 끊임없이 생각하게 한다. 독서를 통해 본인만의 지식과 정보를 습득하고 조합하여 자신만의 관점과 주관을 만들어간다. 또한 다양한 이야기에 몰입하면서 자신을 되돌아보거나 직접 경험해보지 못한 상황 속에서 새로운 아이디어를 찾기도 한다. 독서를 통해 키워낸 능력은 공부머리를 형성할 뿐 아니라 빠르게 변하는 세상을 바라보는 자신만의 차별화된 사고를 만드는 바탕이 된다.

단순 암기와 문제풀이만으로 갖춘 정형화된 지식은 현재에 필요한 인재상이 아니다. 우리 부모 세대에서 필요했던 과거형 학습이다. 우리 아이들에게 필요한 교육은 지식을 서로 연결하고 소통시켜서 창조적으로 재해석하는 힘이다. 최근 한 교육기관에서 명문대 재학생들의 엄마 약 700명을 대상으로 육아와 교육 비법을 인터뷰해서 조사했다. 이들은 자녀들의 유아기에 기능적 학습보다는 독서에 더 집중했으며, 특히 상상력과 창의성을 키워주는 책을 많이 읽혔다고 했다. 아이들의 독서 습관을 위해서 어려서부터 독서 환경을 만들어주려 노력했고, 아이가 글을 배운 이후에도 계속 책을 읽어줬으며, 독서 이후 책의 느낌이나 생각들을 서로 이야기했다고 한다.

이렇게 경쟁력을 가진 아이들에게는 독서의 중요성을 인지하고 읽기 환경을 끊임없이 만들어주려고 노력한 부모들이 있었다. 그들은 공부머리를 키우는 것은 독서이며, 그것이 진짜 실력을 키우는 도구라는 것을 이미 알고 있었다. 공부는 무엇으로 하는지 보라. 바로 책이다. 독서를 통해서 자연스레 발달한 어휘력, 이해력, 추론 능력, 사고력, 문제해결 능력, 독해력 등의 능력은 공부를 쉽고 재미있게 만들어준다. 이렇게 발달된 공부머리는 교과서를 탐구할 때, 수업시간에 자신의 의견을 가지고 토론, 토의할 때도 활용된다. 상위 학교로 진학할 때 서술, 논술, 구술형 테스트에서도 기초 공부력이 되어 남다른 능력을 발휘한다. 하지만 안타깝게도 많은 부모가 독서와 공부를 따로 생각한다. 공부는 지식과 정해진 공식을 암기하는 것으로 문제를 많이 풀고, 정답을 빨리 찾아야만 한다고 여긴다.

『책 읽는 뇌』의 저자 매리언 울프는 책을 읽을 때 뇌의 대뇌피질, 전두엽, 두정엽, 측두엽, 후두엽이 모두 활성화되는 것을 연구 끝에 밝혀냈다. 그러므로 독서는 공부할 때 필요한 뇌의 모든 영역을 훈련하는 것이다. 이러므로 독서는 공부머리를 키우는 것이다.

공부머리를 키우는 독서 습관을 키우는 방법은 매일 꾸준히 읽는 것이다. 독서는 아이가 스스로 하는 활동이다. 그래서 자율성을 키워주는 도구가 되기도 한다. 부모는 아이가 책을 스스로 꺼내 읽도록 환경과 분위기를 조성해줘야 한다. 책을 읽으라고 강요하거나 다그쳐서는 안 된다. 부모는 아이가 책의 달콤함과 즐거움을 지속해서 느끼도록 유도하는 역할만 하면 된다. 그래야 아이의 읽기 능력이 커지고 공부머리가 커진다.

학년이 올라갈수록 읽기 능력과 공부는 밀접한 관계를 갖는다. 독서로 공부머리를 키운 아이들은 독창적이거나 서술형 문제에서 머뭇거림이 없다. 읽으면 내용이 이해되고 문제를 해결하기 위해 깊이 생각하게 된다. 그리고 이런 과정을 즐기며 자신만의 생각으로 문제를 해결한다. 하지만 내 아이처럼 독서 습관이 부족한 아이는 아직 공부머리가 모자라기 때문에 글이 많은 문제, 독창적인 문제를 보자마자 피하고 도망가고 싶어 하게 된다.

6 아는 것을 말할 수 있는 IB 교육이 대세다

집중력이 부족하면 메타인지력이 떨어진다

나의 아이는 공부 자세가 불량하다고 아이 아빠의 잔소리가 끊이지 않는다. 나는 아이가 정해진 숙제를 전부 소화하는 것만으로도 대견하다고 칭찬한다. 공부 할당량을 완수하는 데 목표를 가졌던 것이다. 하지만 남편은 적은 양을 공부하더라도 제대로 된 바른 자세가 아니면 척추의 문제도 생기지만 효율적인 공부가 안 된다고 주장하는 것이다.

남편의 조언은 사실이다. 첫아이가 바르게 오래 한 자세로 앉아 집중하지 못하는 이유는 아이의 성향 때문이다. 에너지가 충만하고 활동적인 내 아이는 남의 시선을 의식하며 경쟁을 즐긴다. 이런 활동적인 아이에게 공부를 시키려면 강력한 목표와 동기부여가 우선이다. 2학년 때 아이의 친구들이 우리 집에 놀러온 어떤 날, 몇 번 내가 아이 3명을 앉혀두고 똑같은 학습지로 공부를 시켰더니, 내 아이만 가장 먼저 끝내놓고 아직 덜 푼 친구의 문제를 도와주고 있었다. 이렇게 활동적인 아이는 대부분 집중력이 약하기 때문에 오랜 시간 책상에 앉아 있으면 온몸이 근질근질해진다. 몇 시간 동안 하나의 과목을 공부하는 것보다는 쉬는 시간을 자주 가지며 여러 과목을 공부하는 것이 효과적이다. 그렇게 학습지와 문제집을 매일 한두 장씩 풀게 하고 있다.

산만한 아이를 지도할 때는 아이가 아는 것과 모르는 것을 정확히 구분해줘야 한다. 모르는 것보다 아는 것이 많아지면 아이는 자신감도 회복되고 공부에 재미를 가지게 된다. 내 아이가 지나치게 산만하게 느껴지던 1학년 때는 주의력결핍과잉행동장애(ADHD)는 아닌가 의심하던 시간도 있었다.

그러던 아이가 2학년이 되자 나에게 "엄마 왜? 이거 뭐야? 그거 왜 해야 해?"라고 질문 폭탄을 쏟아내기 시작했다. 어떤 날은 외출을 나가자고 아이를 데리고 나갔는데, 땅바닥에 얼굴을 묻고, 내가 부르는 소리도 못 듣고 있었다.

"엄마, 여기 개미들 집이 있어!"라면서 멈춰 서서 땅 위 개미들 행렬에 시선이 박혀 있는 것이다. 아무리 화내고 야단을 쳐도 아이는 "왜? 내가 뭘 잘못했는데?"라고만 한다. 이렇게 궁금증이 많아진 것은 생각이 많아지고 사고력이 높아진 것이다.

사고력이 높아진다는 것은 스스로 생각할 줄 안다는 것이다. '내가 뭘 모르지?' 이렇게 아는 것과 모르는 것을 구분하고, 모르는 것을 발견하면 이것을 해결하고자 하는 의문을 갖는 과정까지 나가는 것이다. 이게 바로 의미를 이해하는 것의 온전한 힘이다. 특히 기술의 발달로 인해 정보를 갖는 것이 이전보다 훨씬 쉬워지고 정보의 양도 급증했다. 과거처럼 새로운 정보를 갖는 것 자체로 충분했던 시절이 아니다. 교육 현장에서도 아이들을 평가하는 기준이 지식을 많이 찾아내느냐가 아니라 그 지식을 얻기 위해 어떻게 접근하는지, 그 지식을 가지고 어떻게 사고하는지 등의 과정 중심의 평가를 한다.

지식을 배워서 아는 것이 아니고, 찾아서 알아내는 것, 찾아가는 과정을 평가하는 것이 과정 중심 평가제이다. 이렇게 '의미를 파악하는 능력'이 단적으로 드러나는 분야는 바로 '문해력'이다. 최근 아이들의 문해력이 떨어지고 있다는 우려가 많다. 의미를 이해하는 아이와 글자만 읽는 아이는 차이가 있다. 즉 생각하는 능력이 있고 없고의 차이다. 글자로 제시된 문장을 그냥 읽기만 하는 것이 아니라 문장이 갖고 있는 상황에 의문을 제시하고 그 속의 다른 정보까지 파악하려는 사고를 하는 것이 의미를 이해하는 일이다.

가끔 초등학생의 시험 답안을 보면, 상식적으로 말이 안 되는 답을 적는 아이가 있다. 그건 바로 문제를 글자만 읽은 아이들이 만드는 오류이다. 어릴 때는 아직 생각이 미숙해서 그러려니 하고 귀엽게 넘어가준다. 하지만 고학년이 되고 중학생이 되고 고등학생이 되면, 읽고 의미를 파악해야만 공부력이 커진다. 글 전체가 가진 의미와 의도를 유추해내야만 풀 수 있는 문제가 국어뿐 아니라 수학, 사회, 과학까지 모든 과목으로 넓어지기 때문이다.

왜 의미를 이해하기 어려울까? 흔히 요즘 아이들의 사고력이 떨어지는 이유를 영상 탓이라고 한다. 맞는 말이다. 요즘 아이들은 스스로 책을 읽기보다는 인터넷과 SNS 등을 통해 수많은 정보를 읽고 있다. 실제로 과거 아이들보다 지금 아이들이 접하는 문자가 더 많다고도 한다. 하지만 단편적이고 짧은 영상의 순간 지나가는 글보다는 의미를 해석해야만 하는 책을 읽는 아이가 아니기 때문에 사고력이 향상될 수 없는 것이다.

나의 아이도 학교에서는 친구들의 학습 도우미를 할 정도로 우수하다

고 칭찬을 받지만, 정작 집에서 엄마와 함께하는 서술형 문제를 푸는 날
은 지독하게 모른다고 우기기 바쁘다. 아이들의 문해력을 키우기 위해
매일같이 독해력, 어휘력 문제집을 아무리 몇 년간 풀어왔지만, 독서의
기본적인 바탕이 약해지자, 메타인지력이 떨어지는 것이다.

메타인지는 자신의 인지적 활동에 대한 지식과 그 조절을 의미하는 말
이다. 구체적으로 살펴보자면 본인이 무엇을 알고, 무엇을 모르는지에
대해 스스로 판별하는 것부터 자신이 모르는 부분을 보완하기 위한 계획
과 그 계획의 과정을 점검하는 모든 것을 이야기한다. 스스로 알고 있는
부분과 모르는 지식을 구분하고 본인의 취약 부분을 효과적으로 보완한
다면 큰 폭으로 성적이 오를 것이며 공부도 훨씬 효율적으로 가능하다는
것이다.

메타인지는 마치 거울을 보는 것처럼 스스로를 모니터링해서 자신에
게 부족한 과목을 설정하고, 그 과목에 대한 공부시간을 더 늘리도록 하
는 것을 말한다. 이것은 결코 부모가 대신해줄 수 없는 부분이다. 아이가
본인 스스로 키워가야 하는 공부근육이다. 보통 대한민국의 부모들은 아
이가 힘겨워하는 것을 보지 못한다. 그 아이를 위한 것이라 하면서 쉬운
길, 빠른 길, 실패 없는 길로 가게 하려 한다. 그래서 돈이라는 무기를 사
용해 아이의 봉사점수와 동아리 활동, 논문 등을 사주기도 하지만 그것

은 결코 옳은 방법이 아니다. 그것으로 인해 아이가 바르게 성장할 수도 없다. 아이를 믿고 스스로 이겨낼 수 있도록 응원과 격려로써 기다려주는 것이 정답이다. 스스로 메타인지력을 키워나가게 해줘야 한다.

이미 20년 전 2001년, 유명한 미래학자 앨빈 토플러는 한국의 학교가 예전 산업체제 시대에 맞춰진 교육을 여전히 고수하고 있다고 지적했다. 문제해결 능력이나 비판적 사고를 강조하는 교육이 이뤄지는 지금 시대에 발 맞춰 우리나라도 2015년 개정 교육 과정에 이것을 반영했다. 그렇지만 우리는 아직도 빠른 시간에 효과를 내는 주입식 교육에서 벗어나지 못하고 있다. 여전히 강의 위주의 수업이 이뤄지고, 문제집을 풀면서 답만 찾아내기에 급급하다. 이런 환경에서의 아이들은 문제집 밖에서 답을 찾거나 상상해보는 위험과 실패에 도전하지 않는다.

창의성 연구의 세계적 학사인 로버트 루트번스타인 교수는 한국의 한 신문사와 가진 인터뷰에서 창의적 인재란 스스로 문제를 파악하고, 해결해보려는 사람이라고 정의했다. 대한민국의 학교는 정답을 어떻게 찾느냐보다는 무엇을 외우고 주입시킬 것인가에만 급급해서 학생들이 창의성을 키우기 어렵다고 지적했다.

2010년 G-20 서울정상회의 폐막식에서 오바마 대통령이 내한 기자회

견 중 마지막으로 한국 기자 1명에게 질문할 기회를 준다고 했지만 한국 기자들은 꿀 먹은 벙어리처럼 아무도 질문을 하지 않았다. 그러자 중국 기자가 질문을 하겠다고 했지만, 오바마 대통령은 한국 기자에게 기회를 줬으니 기다리라고 했다. 창피한 과거지만, 이렇게 창의성과 주체성이 부족한 아이로 키우지 않기 위해서 아이의 메타인지력과 창의력을 키우는 데 주력해야 한다.

이제는 메타인지를 넘어서 IB 교육이 대세다

IB(국제 바칼로레아)는 생각을 끄집어내고 자신의 생각을 만들 수 있는 아이로 키우는 것이다. 스스로 지식을 습득하도록 유도하고 토론과 발표 등을 통한 의사소통과 협업을 토대로 창의력을 키우는 교육 방식이다. 다양한 질의응답을 통해 창의성을 발휘한 대답을 도출해내고 시험점수보다 수업 활동 자체를 평가해 문제해결 능력을 키우는 데 초점을 맞춘 수업이다.

IB는 스위스 비영리 교육재단이 주관하는 시험 및 교육 과정으로 세계 146개국 3,700여 학교에서 운영하고 있다. IB는 특히 '수업 평가 기록 일체화'를 특징으로 하고 있기 때문에 현재 교육부에서 강조하는 과정 중심 평가의 방안으로 관심받고 있다.

대구시교육청은 제주도교육청, 충남도교육청 이후 3번째로 대구 지역 공교육에 국제 바칼로레아(International Baccalaureate, IB) 도입을 추진하기로 선언하고 2018년 실시하였다. 대구교육청의 강은희 교육감은 '주입식, 획일식 교육으로는 4차 산업혁명 시대에 경쟁력을 키울 수 없다'면서 '청소년들을 창의융합형 미래인재로 양성하기 위해선 현재의 정답 찾기 평가방식에서 벗어나야 한다는 절박함에서 IB 도입을 착수했다'고 밝혔다.

세계 순위권 대학에 가려면 IB 점수가 필수가 되기도 하였다. IB DP 졸업생들은 매년 90여 개국 3,300개 이상의 고등교육기관에 성적을 제출한다. 2019년을 기준으로 입시 전형에서 IB를 인정하는 대학은 전 세계 2,000여 개의 대학에 이른다. 심지어 공식적인 정책이 없는 대학에서도 종종 입시에서 IB DP 성적을 고려한다고 하니, 우리나라의 내신 성적을 가지고 진학 가능한 외국 대학이 손에 꼽을 정도로 적다는 것을 알면, 상당히 파격적인 사실이다. 또한 국제 학력인증기구의 홈페이지에는 외국의 여러 국가나 세계 유수 대학들이 입시에서 IB를 어떻게 인정하며 반영하는지에 대한 정보를 구체적으로 제공하고 있다. 이렇듯이 IB DP는 영국, 미국, 일본 외에 홍콩 및 싱가포르를 포함하여 전 세계적으로 인증되고 있는 공통된 해외 대학 입학자격시험제도라고 할 수 있다. 특히 세계 유수의 명문대 입시를 준비하고 있다면 DP 학위증을 소지한 학생은 더욱 경쟁력을 지닐 수 있다.

우리나라에서도 IB에 대한 인지도와 대학 입시 반영에 대한 관심이 커지고 있다. 국내 명문대 12개 학교에서 IB DP를 이수한 학생들의 수시전형 입학기록이 증명하고 있다. 우리나라 최고 명문대로 불리는 서울대학교는 2005년부터 IB를 연구하기 시작했고, 외국 명문대학처럼 구체적인 IB 대입전형이 따로 있지는 않다. 하지만 수능 최저 등급 요구만 없으면 현재 수시전형으로 IB DP 졸업생들을 향한 입학의 문은 열려 있는 상태이다. (국내에서 IB를 인증받은 학교는 2020년 기준, 13개다.)

세계적인 IB의 공신력은 학습자 중심의 교육 과정 및 객관적인 평가제도에서 찾을 수 있다. IB는 전 세계의 DP 학생들이 동일한 기준으로 평가 받을 수 있도록 글로벌 스탠다드 기준을 가지고 있으며, 역시 지속적으로 교육 과정을 개발하고 유지하고 있다. IB 교육 과정은 전인 교육을 지향하며 독창적이고 창의적인 인재 발굴을 목표로 하고 있기에 이를 이수한 인재들이 세계 어디서나 환영받고 있다.

7

스트레스 쌓지 않아야 공부력이 큰다

내 아이는 내가 가르치기 힘들다

어린아이에게 한글을 무리하게 가르칠 경우, 부모는 전문적인 교육자가 아니기 때문에 감정적 반응을 경험하는 경향이 자주 있다. 특히 공부에 대한 기대치가 높은 한국에서는 유난히 그렇다. 아이가 한글을 잘 외우지 못하면 부모는 자기도 모르는 사이에 실망한 표정이나, 화를 내기도 한다. 나 역시 같은 경험이 많은 부모 중 한 명이다. 내 아이는 조기교육을 시키지 않았다. 놀면서 익힐 수 있도록 유아용 학습지를 조금 일찍 했을지 모른다. 하지만 그것은 전혀 공부가 아닌 학습지 선생님이 15분간 아이에게 몰입해서 놀아주는 정도였다.

나는 아이가 공부에 대한 흥미를 가지길 원했다. 그래서 결과에 대해서도 실망이나 잘못했다고 다그치는 편이 아니다. 하지만 현재 초등학생이며, 코로나로 인해 엄마인 내가 직접 집에서 살펴봐줘야 할 공부에 대해서는 보통 부모와 똑같았다. 학교에서 다른 아이들을 가르칠 때는 상냥하고 아량이 넓은데 반해, 내 아이의 공부와 연결되면 욱하는 성질부터 나오는지 모르겠다.

다른 집에서도 일찍 한글 교육을 시작하게 되면 평소에 '잘한다, 잘한다.' 칭찬만 받던 아이가 공부를 하면서 부정적인 피드백과 잔소리를 많이 받게 되니 아이는 감정이 상해버린다. 한글 공부와 속상한 감정, 스트레스가 누적되면 결국 독서를 싫어하거나 한글 교육을 싫어하게 될 수도 있다. 왜냐하면 감정은 학습과 밀접한 관계가 있기 때문이다. 이런 이유로 5살에 독서를 시작한 아이가 7살에 시작한 아이보다 독서 능력이 떨어질 가능성이 더 크다고 한다. 그래서 나는 아이의 한글 교육은 7살부터 시작했다. 이전에는 책을 읽는 프로그램만 유지하면서 글자와 친해지게만 했다. 한글을 접하고 빠르게 흡수하는 나이가 7살이라고 한다. 그때 시작한 한글 교육은 정말 신기하게도 단기간에 한글을 배우고 마치게 되었다.

간혹 부모들은 내 아이가 영재라고 생각한다. 다른 아이보다 조금 일찍 '엄마'라고 부르거나 또래보다 걷는 게 빠르고, 아이가 친구보다 100점을 더 받아오면 그런 기대에 부풀어 부모의 착각에 빠지는 것이다. 나역시 첫째 아이가 또래보다 무엇이든 빠르게 잘하는 탓에 그런 생각에 빠지기도 했다. 어린이집에 다니는 3년간 내 아이는 늘 칭찬만 받고 또래를 리드했던 아이였다. 그 아이가 유치원에 입학하여 5살이 되던 어느 날 유치원에서 실행한 도전 골든벨 대회가 있었다.

  유치원에서 배웠던 동화책, 기초영어, 생활 습관 등의 기출문제를 대회 2주일 전에 집으로 보내주어 연습을 시켜주었다. 나는 워킹맘으로 귀가하면 집안일이 너무 바빴다. 하지만 아이는 스스로 먼저 기출문제를 들고와 따라다니며 문제를 읽어달라고 할 만큼 승부욕이 남다른 아이였다. 그렇게 연습을 마치고 드디어 유치원 골든벨 대회 날 오후, 나는 유치원 담임 선생님의 전화를 받았다. 나의 첫째가 골든벨 경기에서 2등을 했다고 점심밥도 거른 채 몇 시간째 울고 있다는 것이다. 결승에서 두 아이가 모든 문제와 추가 문제까지 겨뤄도 승부가 나지 않아, 마지막 문제를 기출문제 외 상식 문제를 냈다고 한다. '감기에 걸리지 않으려면, 어떻게 해야 할까요?'라는 문제에 나의 아이는 '예방주사를 맞아요!'라고 예시문 밖의 대답을 하여 탈락하고 2등이 된 것이라고 한다. 아이는 태어나 5년간 1등만 하다가 생애 최초 경기에서 패배를 경험하니 입맛을 잃을 정도로 좌절과 상실감에 빠진 것이다.

골든벨의 쓰린 경험을 하게 된 이후 아이의 승부욕은 줄어들었고, 부작용으로 학기마다 진행되는 골든벨 경기에 흥미를 잃고 관심조차 가지지 않게 되었다. 이런 스트레스나 트라우마 없이 아이에게 적당한 성공 경험을 쌓게 해서 차곡차곡 공부력을 키워줘야 한다.

조기 교육은 천재도 망가뜨릴 수 있다

인류 역사상 가장 높은 IQ를 가진 사람은 누구인지 아는가? 아인슈타인? 레오나르도 다빈치? 스티븐 호킹? 모두 아니다. 현재까지 공식적으로 확인된 사람 중 IQ가 가장 높은 사람은 윌리엄 제임스 사이디스다. 그의 IQ는 250이 넘었다고 한다. 60억분의 1의 확률로 세계 최고의 천재였다. 그의 아버지는 러시아에서 정치적인 박해를 받아 미국으로 이주한 유대인으로 이주한 지 몇 달 만에 영어로 소통할 수 있었고, 하버드를 조기 졸업하여 박사학위를 취득했다. 그는 정신과 의사이자 교수로서 하버드에서 여러 가지 책과 논문을 쓰며 심리학을 가르쳤다. 그의 어머니는 1889년 유대인 박해를 피해 미국으로 이민해왔다. 정규 교육을 받지 않았는데도 보스턴 메디컬 스쿨을 졸업하고 의사가 되었지만, 아들을 위해 전업주부로 전향했다.

윌리엄 사이디스의 부모는 아들에게 일반적인 교육을 받게 하는 것이 아니라 아이만을 위한 독자적인 방식으로 조숙하게 키워야 한다고 믿었다. 아이에게 체벌을 하지 않았고 아이에게 공감하며 아이가 학문 자체를 사랑하게 만들려는 형식의 영재 교육을 시작했다. 이런 학습 방식은 그 당시 획기적인 교육 방법이었다.

그렇게 아들 윌리엄은 생후 6개월 만에 말할 수 있었고, 18개월에 〈뉴욕타임즈〉를 읽었다. 4살에는 아버지 생일에 라틴어로 된 책을 읽고, 6살에는 역사상 어떤 날짜의 요일까지 계산해 맞췄다. 6살에 영어는 물론 라틴어, 그리스어, 러시아어, 프랑스어, 독일어, 히브리어, 터키어, 아르메니아어(9개 국어)를 깨치고 대학 수준 시험에 합격을 했다. 7살에는 하버드 대학의 입학시험에 합격하고 8살에는 MIT대학 입학시험에 합격했다. 이후 하버드 대학에 입학원서를 냈지만, 나이가 어리다는 이유로 거부당했다. 그렇지만 하버드 대학은 이 천재를 위해 11살이 되던 해 특별학생 자격을 부여했다. 윌리엄은 역대 최연소 입학생이었다.

윌리엄은 1910년 12살에 정규 대학 과정을 시작하여 1914년 16살에 하버드에서 수학을 전공으로 졸업하고 하버드 대학원에 진학하여 수학 공부를 이어나갔다. 대학원 입학 이후 그는 하버드 학생들과 충돌이 일어나기 시작했고, 그의 어머니는 아들을 휴스턴에 있는 라이스대학의 대학원생 겸 조교의 자리를 구해주었다.

거기서 그는 대학생들에게 수학 강의를 하게 되지만, 자신들보다 어린 선생을 대하는 학생들의 태도와 언론의 과도한 주목, 본인의 교직 생활의 실패 등 몇 개월 만에 그만뒀다. 이후 로스쿨에 입학하여 3학년까지 다니다가 졸업을 앞두고 그만두었다. 그 도중 윌리엄은 사회주의자, 무신론자, 좌익주의자들이 참여한 노동절 전쟁 반대운동에 참여했다가 징역 18개월을 선고받았다.

석방 이후 윌리엄의 부모가 아들을 정신병원에 가두겠다고 협박하자 아들은 부모와 의절하고 미국 동부로 도주하여 마켓 점원으로 일하는 등 단순 노동으로 생계를 이어갔다. 이후 아버지의 장례식에도 참여하지 않았고, 유산마저 거부했다. 성인이 된 이후 최소 25개 이상의 외국어와 방언에 정통했던 것으로 알려져 있다. 그는 대부분 익명으로 여러 가지 논문과 책을 저술했는데, 새로운 형태의 달력을 만들어 특허를 출원하기도 했다.

하지만 천재의 업적이라 하기에는 미미했고, 여러 가지 가명을 사용하기도 해서 특별하게 인정받지 못했다. 인류 최고의 천재는 죽을 때까지 현실의 삶에 뿌리 내리지 못했다. 외롭고 불우한 인생을 살다가 결국 46살에 뇌출혈로 홀로 사망했다. 그제야 의절했던 아버지 무덤 옆에 묻히게 되었다.

윌리엄 제임스 사이디스, 그는 실패한 천재로 평가받고 있다. 그의 천재성에 비해 알려진 업적이 미미하고 타인에게 인정받지 못한 인생을 살았으며, 46세에 뇌출혈로 사망할 때까지 굉장히 많은 사회적·정신적 고통을 겪었다. 이에 대해 〈뉴욕타임즈〉는 "과학적인 강제 교육의 멋지고 아름다운 승리다."라며 비꼬았다.

강제 교육, 조기 교육은 어느 나라, 어느 상황에서나 성공하기 어렵다. 핀란드는 선진 교육제도로 국제학업성취도평가(PISA)에서 1등을 차지할 정도로 교육 수준이 높은 나라이다. 하지만 우리나라와 다르게 학업 스트레스는 상대적으로 적다. 비교와 경쟁이 적기 때문이다. 핀란드에서는 경쟁은 학습 능률을 떨어뜨린다고 생각해서 학교에서 성적순으로 경쟁하는 것이 금지되어 있다. 학생들은 성적 스트레스 없이 성적표에는 각자의 수준에 맞게 설정된 목표에 달성했는지만 표시한다.

아이는 아이답게 놀면서 자라야 한다. 스트레스가 없어야 아이의 공부력이 크기 마련이다.

8

워킹맘은 방과후 수업을 지지한다

과거나 지금이나 워킹맘은 여전히 힘들다

나의 친정어머님은 내가 어릴 적 혼자 직장을 다니면서 나를 키워내셨
다. 나의 시어머님도 시아버지의 세탁소 일을 똑같이 하면서, 자녀를 키
우고, 시댁의 고모, 도련님들 뒷바라지까지 해내셨다. 그 당시나 지금이
나 워킹맘은 언제나 있었다. 나는 지금 남편과 함께 맞벌이를 하면서 아
이 둘을 키우고 있다. 나도 내 어머니와 똑같이 워킹맘으로 살아가고 있
다. 우리나라의 워킹맘은 시대를 불문하고 대단한 사람들이다. 하지만
나의 남편은 본인의 딸들은 워킹맘이 되지 않도록 결혼하지 말라고 자꾸
세뇌시킨다.

나의 어머니가 직장을 가시는 동안 나는 혼자인 시간을 집에서, 동네에서, 학교 운동장에서, 도서관이나 서점에서 보냈다. 학교 수업을 마치고 나서 나는 홀로 갈 곳도, 할 일도 없는 무방비 상태로 그냥 방치되는 것이다. 나의 남편은 그나마 시부모님 두 분의 벌이로 사교육으로 채워졌다고 한다. 태권도 학원, 피아노 학원, 미술 학원 등의 예체능 학원으로 다니면서 남는 시간을 할애하고, 늦게 귀가하면 세탁소 동네 주민들의 도움으로 자랐다고 한다. 그래서 아이를 키우는 데는 온 동네의 손길이 필요하다고 한다.

2019년 12월 6일, 〈시사포커스〉의 "'워킹맘' 일과 육아 병행 '힘들었다'…절반이 200벌이 미만"이라는 신문기사 내용을 참고해보자.

2019년 12월 6일 통계청이 발표한 '2019년 상반기 지역별 고용조사 자녀별 여성의 고용지표'에 따르면 15~54세는 기혼 여성의 경제 활동 참가율은 63.6%, 고용률은 61.9%였다. 기혼 여성 중 18세 미만 자녀와 함께 사는 여성의 경제 활동 참가율은 58.4%, 고용률은 57.0%였다. 자녀 수별 고용률을 따져보면 18세 미만 자녀와 함께 사는 여성의 고용률은 자녀수가 1명일 때 58.2%, 2명일 때 56.5%, 3명 이상인 경우 53.1%로 자녀수가 적을수록 높게 나타났다. 또 자녀가 어릴수록 낮게 나타나기도 했다. 즉 18세 미만의 자녀와 함께 사는 여성의 고용률은 자녀가 많을수록, 자녀가 어릴수록 낮아 일과 육아를 병행하는 것이 사실상 힘들다는 것을 반영하고 있다.

여기서 워킹맘의 고충을 한 번 더 이야기해보자. 현대중공업에 다니는 지인의 부인도 아이가 유치원을 다닐 때까지는 남편과 함께 맞벌이를 하고 있었지만 회사에서 권고사직을 받은 이후 아이가 8살이 되어 초등학교 입학이 다가오자 그녀는 재취업을 포기해버렸다. 같은 업종의 다른 회사에서 이직을 권유받기도 했지만, 그녀는 자신이 나가서 직장생활로 벌어오는 돈이 아이를 자신이 퇴근하는 시간까지 밖으로 돌려야 하는 사교육비와 맞먹는 금액이라고 하며 취업을 포기했다. 월 200만 원도 안 되는 급여로 자신의 출퇴근 비용, 용돈이나 점심 식대, 남은 돈으로 아이의 학원을 3~4군데를 챙겨 보내고 가끔 하원 시간이 안 맞으면 돌봄 도우미까지 불러야 하니까 감당이 안 된다고 한다. 본인의 직장생활을 유지하여 커리어는 늘어날지 모르지만, 그동안 아이의 정서 문제를 비롯한 여러 가지 문제만 커질 뿐, 전혀 도움이 안 된다는 결론을 내린 것이다.

워킹맘의 이유 있는 선택은 방과후 수업이다

이런 여러 가지 이유로 나는 아이의 방과후 수업을 가득 채웠다. 방과후 학교 수업은 과목당 비용이 3개월간 6만원 상당으로 저렴하지만 전공 강사에게 질 좋은 교육을 받을 수 있으며, 학교에서 버틸 수 있는 최대한 시간을 학교에서 보내고, 학원은 합기도 학원 하나만 보냈다. 학교 안에서의 다양하고 재밌는 방과후 수업을 모두 들을 수 있는 기회도 있으니, 미술 학원이나 음악 학원은 초등 저학년에 보낼 이유가 없었다. 게다가 나의 아이는 작년 방과후 학교 우수 수강생으로 뽑혀서 방과후 학교 자유수강권을 추가로 더 받는 기회까지 생겼다.

방과후 자유 수강권에 대한 자세한 설명은 이렇다.

- 학생 1인당 연간 60만원 내외(우수 참여 학생에게 70만 원까지) 방과후 학교 수강료 지원(교재비 포함)

- 지원 대상
1순위 : 우선 지원 대상자로 국민 기초생활보장 수급자, 한부모 가족 보호대상자, 법정 차상위 대상자
2순위 : 소득에 따른 지원으로 기준 중위 소득 60% 이내에 속하는 자 중 우선 지원 대상자를 제외하고, 소득 인정액이 낮은 자에서 높은 순으로 지원 대상자 선정함
3순위 : 학교장 추천, 선정 기준을 충족하지 못하나 실제로 가정형편이 어려운 경우에는 담임교사가 교육비 지원 신청자로 추천가능

– 접수 방법

아이가 초등학교에 입학하게 되면, 학부모가 읍면동 주민센터에 방문 또는 온라인에 신청하면 행복E음(사회복지 통합관리망)을 통해 소득, 재산 조사 결과를 학교(NEIS)에 통보하여 학교가 지원 대상자를 선정한다.

– 방문 신청과 인터넷 신청 두 가지 방식 중 편한 방법으로 신청하면 된다.

1. 방문 신청 : 학부모 (또는 학생) 주민등록 관할 읍면동 주민센터

2. 인터넷 신청 : 복지로 (http://www.bokjiro.go.kr) 부모 모두 공인인증서를 보유해야 한다.

9 건강해야 공부할 수 있다

정신적 스트레스는 건강을 망치게 한다

나의 부모님은 내가 어려서 이혼을 하셨다. 8살이 될 무렵이니, 이제 막 초등학교에 입학해서 학교생활이라는 것에 적응하기도 힘들고, 집안에서는 부모님의 부부싸움으로 힘들고 마음도 몸도 모든 것이 힘겨운 시기였다.

그 당시의 나는 그것이 내게 얼마나 스트레스가 되는지 몰랐다. 8살의 가을 어느 날 나는 집에 와서 털썩 주저앉아 며칠 일어나 걷지 못했다. 다리에 힘이 들어가지 않아 갓난아이처럼 누워만 지냈다. 왜 그런지 이유를 알 수 없었고, 엄마의 애간장만 며칠 동안 태웠다. 엄마는 잠도 못 주무시고 밤새 내 다리의 찜질팩을 교환해주고, 매 끼니 나에게 식사를 떠먹여주는 등의 정말 덩치 큰 신생아 돌보듯이 고생을 하게 된 것이다. 다행히 며칠의 시간이 지났는지 모르지만 나는 일어나 걸을 수 있었고 다시 학교에 다닐 수 있었다. 엄마는 아직도 그날을 잊지 못하시고 다시 생각만 해도 가슴이 내려앉는다고 하신다.

내가 나의 아이를 키워보니 알게 된 것이, 그 당시의 나는 영양실조였다. 원래 먹는 것을 좋아하지 않고, 밥 먹기를 귀찮아했으며, 밥 이외의 영양식이나 영양제나 그 무엇도 먹은 적이 없었다. 엄청나게 깡마른 키만 큰 아이였었다. 엄마의 며칠간의 지극정성의 보살핌과 세끼 식사로 다시 체력을 되찾은 것이다.

내 아이를 키우며 느낀 것은 잘 먹고, 잘 자고, 잘 노는 요즘 시대 아이들도 초등학교에 입학하면 적응하느라 스트레스를 받는다는 것이다. 잠을 자다가 꿈을 꾸며 깨기도 하고, 아침이면 코피를 쏟아놓기도 했다. 겉으로는 아무 이상 없이 잘 지내면서 영양제도 음식도 예전의 나와는 다르게 너무 잘 먹고 잘 지내는 데도 스트레스는 어쩔 수 없는 것이다.

그래서 나는 아이의 건강을 위해서 8살이 되자 학교 가까운 합기도 학원에 등록을 했다. 학교에서 방과후 수업을 마치고 합기도를 다녀오면 집에 오는 시간은 6시 반 정도 된다. 그 시간에 귀가하면 배고프다면서 바로 밥부터 챙겨 먹게 된다. 맛있게 밥을 먹고, 과일이나 간식까지 챙겨 먹으면 숙제나 문제집을 풀고 나서 씻고 잠자리에 든다. 게다가 아이는 1학년부터 2학년까지 어린이 홍삼을 연이어 먹고 있다. 꾸준한 홍삼은 고맙게 아이의 코피를 줄여주었다.

이렇게 초등학교 입학 후, 유별난 아이 케어는 나만 하는 것이 아니었다. 조금 빠른 친구는 7살부터 아프지도 않은 아이를 데리고 한의원에서 진맥을 보고, 3개월이나 한약을 지어 먹이는 엄마도 있었다. 입학 전에 아이의 체력을 미리 키워둬야 한다는 그 엄마의 말을 무시했다가 입학 후에 고생하게 된 것이다.

거의 모든 기준이 엄마인 '나'라는 사람이 되기 때문에, 내 시절에 맞춰 아이를 바라보며 그 아이의 상황과 지금 시대에 맞지 않는 케어를 하기도 한다. 그래서 나는 첫째를 키우며 경험하는 실패로 둘째를 키우는 시간에는 성공을 맛보고 있다.

나는 첫아이의 임신 기간과 아이 출산 후 많은 고생을 했다. 친정과 시댁 모두 멀리 있었기 때문에 양가 어머님들의 도움 없이 혼자서 생육아를 해나가는 것이 상당히 어려웠다. 고향과 멀리 있는 타지에서 아이를 낳고 키우는 것이 쉬운 일이 아니라는 것을 깨달으면서 한국이 아닌 타국에 지내는 한국인 엄마들은 존경스럽게 보였다.

대학 졸업 전에 취업을 했던 나는 학교를 다니는 기간에도 아르바이트를 쉬지 않았기에 내게 여유시간과 남는 시간에 아르바이트 아니면 학원에서 자기계발을 하는 시간이었다. 그렇게 한 시간도 허투루 쓴 적 없던 나는 결혼과 임신으로 타지에서 혼자 지내는 수많은 잉여시간을 어떻게 활용할지 몰라서 우울함에 빠지기도 했다. 단둘이 사는 집안의 살림과 청소 모든 것에 쏟는 시간은 얼마 되지 않고, 남편은 회사일과 회사 사람들과의 시간으로 잠자는 시간만 귀가하는 사람이다.

가끔 나를 배려해준다면서 회사 사람들과의 저녁 자리에 가끔 함께했지만, 그들에게 불편함만 주는 그 자리는 나 역시도 불편했다. 정말 여기서는 남편과 남편의 회사 사람 몇을 빼고는 옆집조차 누가 사는지 모를 정도로 나는 완벽하게 혼자 외로웠다. 배 속에는 아기가 있으니 어디 아르바이트를 할 수도 없고, 아는 친구도 없으니 집 밖에 나가서 바람을 쐬기도 싫었다.

그래서 나는 혼자인 시간을 즐기기 위해 서점에 가서 책을 보고 있었다. 아침 남편의 출근 이후 나도 점심 간식을 챙겨 울산 반디앤루니스 서점을 찾아가서 온종일 책과 문구를 구경하고 한 권씩 사오기도 했다. 어떤 날은 집 근처의 작은 도서관을 찾아가서 책을 빌려오기도 했지만, 아이를 낳은 이후에는 백화점 안의 커다랗고 시원한 대형서점에서 종일 시간을 보냈다.

나는 육아를 글로 배웠다

첫째는 그렇게 반 강제로 나와 서점 데이트를 즐기던 아이였다. 그래선지 아이에게 필요한 사회생활과 영양학적인 필수 요소 등 모든 것을 책으로 배우고 익히며 활용했다. 책과 맘카페에서 육아를 배운 엄마라면 많이 공감할 부분이 이것이다. 내가 만든 이유식은 비싸고 최고의 재료를 사용하지만 아이가 잘 안 먹는다는 것이다. 시판 이유식과 인터넷 주문한 이유식은 모자라서 더 달라고 난리이다. 둘째는 이런 실패를 경험으로 늘 성공적인 사례로만 키우고 있다. 모든 것은 이렇게 경험에서 우러나오는 것이다.

그래서 첫째 아이는 이유를 모르고 병원에 자주 다녔다. 계절이 지나가면 늘 소아과에 가고, 조금 상태가 나쁘다 싶으면 바로 또 입원이다. 주말을 끼고 3일만 입원하면 깨끗하게 다 나았다가 다음 계절에 또 입원을 반복한다. 어느 날은 한밤중에 고열로 시달려 대학병원 응급실에 가서 내 속을 태우기도 했다. 대학병원 응급실에서는 아기의 고열 따위는 아무런 조치도 취하지 않았으며, 해열제만 달아주고 수건 하나만 던져주었다.

하지만 둘째는 다르다. 한 번도 입원한 적 없고, 밤중에 열이 오르는 듯하면 미리 해열제를 먹고, 고열에 시달려도 병원에 가지 않았다. 집에서 해열제를 우선 먹이고 온몸을 다 벗기고, 한두 시간 젖은 수건으로 열심히 닦아서 고열에서 벗어났다. 둘째는 태어나서 2년 동안 비오비타와 헤모틴틴을 먹였더니 남다른 먹성과 함께 단 한 번도 배탈이 없었다. 둘째는 아파도 하루 이틀 약을 먹으면 말끔하게 건강을 되찾는 아이다.

문제는 첫째 아이가 이렇게 자꾸 아프다 보니 공부에도 문제가 생긴다는 것이다. 유치원 시기의 학습은 병원에서 내가 더 가르치고 부족한 부분을 채워줄 수 있었다. 하지만 초등학생이 된 지금은 비염으로 인해 집중이 잘 안 되고 공부를 30분 이상 앉아서 몰입하지 못한다.

바른 자세로 앉아서 공부에 더 신경 써야 하는 시기인데, 자주 아프다는 이유로 아이를 항상 감싸서 키우기만 했더니 어려서부터 습관이 되지 않아서 지금부터 잡아주는 것이 상당히 어렵다.

반면에 둘째 아이는 5살인데도 언니의 학습지를 뺏어보고, 그려보고, 자꾸 호기심이 커져서 아예 유치부 학습지를 시작해주었다. 아이는 신기하게도 자신의 학습지가 끝나야만 엉덩이를 들썩이기 시작했다. 역시 건강해야 공부도 잘할 수 있다.

3 장

방과후 수업으로

복습의 힘

키우기

1 유치원도 방과후 수업을 한다

유치원 방과후 수업 소개

나는 둘째 아이를 임신했던 기간에 첫째를 맡길 곳이 없어 어쩔 수 없이 이사를 하게 되었다. 첫째 아이가 다니고 있던 사립 유치원은 워킹맘을 위한 저녁 돌봄이 없기 때문이다.

소개를 받아 새로 어렵게 입학하게 된 새 유치원은 워킹맘을 위한 돌봄 시스템이 잘 되어 있다고 원장님의 칭찬이 자자했다. 6시 이후 아이를 데리러 가는 날이면 원장님이 아이의 저녁 식사를 챙겨주셨고, 8시 이후 데리러 가면 아이의 샤워까지 다 미리 해주신다면서 소개했던 엄마는 입에 침 튀기며 자랑을 했다. 그래서 정원이 가득 차서 빈자리가 별로 없으니 미리 예약부터 해야 한다는 것이다. 나는 소개받은 즉시 유치원부터 가서 사전 예약을 해두었고, 유치원이 끝나는 시간에 맞춰 태권도 학원을 등록해두었다.

유치원 정규 수업시간과 방과후 과정(방과후 과정이란 제13조 제1항에 따른 교육 과정 이후에 이루어지는 그 밖의 교육 활동과 돌봄 활동을 말한다.)까지 마치는 시간이 되면 5시가 된다. 나의 퇴근이 6시 이후였으니, 아이는 5시 이후 태권도에 보내서 한 시간 더 놀다가 와야 했다. 그렇게 새로 입학한 유치원은 학교 못지않게 방과후 수업이 다양했다. 방과후 수업이 요일별로 준비되어 있었고 음악과 어학, 체육 활동까지 다양한 유치원이었다. 그럼 이제 유치원 방과후 수업에 대해서 자랑을 해보겠다.

가장 아이가 좋아했던 수업은 유아 골프이다. 유아 골프 수업은 주 2회 유치원에 준비된 실내 골프 시설에서 유치원생 전용의 골프채로 기본기와 여러 가지 운동을 배우는 것으로 아이들이 가장 좋아하는 체육 수업 중의 하나이다. 골프 천재 '타이거 우즈' 역시 유아 골프로 시작해서 자신의 재능을 찾은 경우라고 한다. 유치원생은 아직 어려서 적성에 딱 맞는 재능을 찾아주기란 어렵다. 그래서 많은 경험을 바탕으로 내 아이의 적성이나 재능을 찾아주기 위한 부모의 노력이 쉼 없이 이뤄져야 한다.

골프란 넓고 긴 필드에서 홀컵에 공을 넣기 위한 게임이다. 티박스에서 넓은 시야를 갖고 코스를 공략하면서 정확하고 빠른 판단을 해야 한다. 유아 골프의 장점도 사고력과 더불어 창의력이 넓은 시야를 가질 수 있다는 점이다. 유아 골프는 실제 필드에 나갈 일이 거의 없기 때문에 스윙 연습 위주의 수업을 하게 된다. 스윙 연습을 함으로써 허리의 유연성과 팔의 근력, 하체를 고정하는 균형 조절 능력 등이 발달된다. 아이들이 단체 체육 활동으로 인해 사회성과 질서와 순번을 지키는 협업 능력도 키울 수 있다.

또 다른 유치원 방과후 수업은 엄마인 내가 좋아하는 놀이 영어 수업이다. 새 유치원의 원장님은 원내에 영어마을을 구비해둘 정도로 어학에 관심이 많은 분이셨다. 기초 영어는 한국인 선생님과 배운 이후 원어민 선생님과 상황에 맞는 영어를 배울 수 있도록 은행, 병원, 우체국, 공항 등의 세트가 제작되어 있었다. 아이들과 신나고 재밌게 놀이영어 활동을 하면서 연 2회 아이들이 유치원 무대에 올라 뮤지컬 발표회를 한다.

아이들이 신나게 뮤지컬 영어를 하는 것도 뿌듯하지만, 아이가 무대를 즐기는 모습을 보면서 가장 감사했다.

스피치 수업에서는 아이가 여러 가지 직업군을 직접 체험해볼 수도 있었다. 방송국의 아나운서가 되어 뉴스를 진행해볼 수 있는 기회를 갖고, 이외의 다른 직업군에 대해서도 체험하고 배울 수 있는 기회가 많았다. 굳이 비싼 돈을 들여서 유아 직업 체험 시설인 키자니아에 소풍 가지 않아도 될 만큼 원장님께서 유치원에 엄청난 공을 들이는 것을 알 수 있었다. 실제로 이 유치원은 부산 키자니아(유아 직업 체험 시설)에 소풍 가지 않는 유치원이었다.

방과후 수업 그렇게 비싸지 않아요

사립 유치원인데 방과후 수업까지 그렇게 요일별로 다양하고 많이 보내면 돈이 많이 필요한 거 아니냐고 모르는 엄마들은 그렇게 말하기도 한다. 그래서 방과후 수업에 대한 정부 교육부에 명시된 내용을 안내하겠다.

2019학년도 유아학비 지원계획(교육부)에서 명시한 '방과후 과정 운영지원 기준'을 살펴보면 유치원 방과후 수업을 보내는 데는 부모가 많은 학비를 지출하지 않아도 된다. 유치원 교육 과정 대상 원아가 방과후 과정을 이용하고 교육 과정 포함 1일 8시간 이상의 교육을 받을 경우 50,000원의 지원을 받으며, 1일 기준 8시간 미만의 교육을 받을 경우, 방과후 과정비 지원은 제외된다고 명시되어 있다. 유치원 방과후 수업료는 교육부 지원금이 있어서 유치원마다 차이는 있지만, 별도의 학원을 따로 보내는 수강료에 비교하자면 절약이 상당히 가능하다.

최종적으로 내 아이가 졸업한 유치원은 지금의 초등학교 인근의 사립 유치원이다. 저녁 돌봄이 없는 관계로 이 유치원을 다니는 7살, 1년 동안 어쩔 수 없는 사교육으로 시간을 보충했다. 유치원을 마치면 미술 학원과 합기도 학원을 다녀와야만 했다. 그래야 6시 반쯤 집으로 퇴근하는 나의 시간과 아이의 하원 시간을 맞출 수 있었다.

졸업했던 유치원에서도 방과후 수업은 똑같지만 수업 내용이 달랐다. 이 유치원은 놀이 영어를 주5일 담임 선생님과 매일 짧게 진행했으며, 상주하고 계신 원어민 선생님은 없었다. 방과후 수업 과정은 이전 유치원보다 적었다. 상상 퍼포먼스 미술과 더 원 사이언스, 자연 생태 체험 활동이다. 이 유치원의 장점은 아이가 유치원 졸업 때까지 악기 3가지를 배우고 다루는 것, 아침 등원마다 영어로 인사하기, 한달에 한 곡씩 영어 노래 외우기, 다비수 프로그램으로 연산과 거부감 없이 친해지는 것이다.

그중에서 엄마인 내가 좋아했던 방과후 수업은 더 원 사이언스, 과학 수업이다. 아직 어린 유치원생이지만, 갖가지 실험 도구를 경험하기도 하고 글자로 표현은 못 하지만, 실험보고서 같은 학습지에 그림 그리듯 실험과 경험을 표현하는 것이 좋았다. 게다가 과학 수업을 하고 귀가하는 날이면 쉴 새 없이 뭐라고 수업에 관한 이야기를 하는 것이 정말 귀여웠다. 지금 이 과학 수업의 경쟁률은 치열해서 매년 신학기가 되면 기도하는 마음으로 접수하고 기다렸다. 초등학교 방과후 수업은 분기별 접수를 받고 있지만, 유치원 방과후 수업은 1년에 한 번 접수를 해서 이 기회를 놓치면 내년까지 오랜 기다림이 있어서 불편하다.

대한민국의 전폭적인 지원으로 아이들의 다양한 체험과 경험 활동을 위한 방과후 수업은 언제나 유익하다. 유치원생도 방과후 수업은 필수이다.

2 방과후 영어는 읽고 떠드는 수업이다

영어는 흘려듣기가 우선이다

나는 어려서 영어 공부를 따로 해본 적이 없었다. 학원을 가거나 학습지 수업을 해본 적 없었다. 게다가 우리 시절의 영어 공부는 중학교를 가서야 시작했기에 난 알파벳도 떼지 못하고 중학교에 들어갔다. 입학하고 나서야 알파벳을 배우고 시작했으니, 파닉스는 전혀 알지도 못한 것이다. 나는 어머니와 단둘이 살아서 어머니가 공장에 다니는 시간에 늘 혼자였다. 1980년대에는 텔레비전의 모든 방송이 아침 방송 이후 저녁 방송까지는 쉬는 시간이었다. 학교를 일찍 마치고 귀가해서 나 혼자 누릴 수 있는 방송은 AFKN뿐이었다.

AFKN이란?

AFKN(주한미군방송 American Forces Korean Network) 텔레비전 방송은 1957년 9월 주한 미군과 재한 미국인을 대상으로 시작된 방송이다. 초창기 AFKN-TV 방송 개시는 주한 미군들에게 환영받는 것임은 분명했으나 생방송을 할 수 있는 준비는 전혀 되어 있지 않았다고 한다. 본국에서 가져온 필름에만 의존해 매일 저녁 4시간씩 방송을 하는 형편이었다.

텔레비전 방송의 주류는 본국에서 가져오는 쇼나 영화, 드라마, 오락 프로그램으로 이루어져 있었다. 드라마와 버라이어티 쇼에 이르기까지 매우 다양하고 다채롭게 꾸며진 것이어서 볼거리로는 흥미진진하고 배울 점도 많았다. AFKN TV는 미국의 NBC, CBS와 ABC의 3대 네트워크 프로그램 중에서 가장 인기 있는 오락 프로그램을 중심으로 편성해 방송했기 때문에 어떤 측면에서는 미국의 어떤 네트워크 채널보다 오락성이 부각된 채널이었다.

이런 점에서 미국 본토의 상업 텔레비전 네트워크와 직접 이어져 있는 AFKN의 시청자는 이미 주한 미군이나 재한 미국인뿐만 아니라 상당수의 한국인이었으며, 그 수는 점차 늘어나고 있었다고 한다. 1983년 10월 4일 미국 방송이 위성 중계 계획인 새트네트(Satellite Network:SANET)

를 개통시킴으로써 미국 본토의 3대 주요 TV 네트워크 프로그램을 직접 한국의 안방으로 전할 수 있었다. 이 시기에 우리나라 전역은 미국 텔레비전 네트워크의 동일 시청권 내에 들어가게 되었다.

이런 상황 속에서 나는 AFKN으로 영어를 접하게 되었으며 〈새사미 스트리트(Sesame Street)〉를 통해 유아 영어부터 흘려듣기 시작했다.

세서미 스트리트(Sesame Street)

미국에서 1969년 처음 방영된 3~5세 유아들을 위한 텔레비전 프로그램, 미국의 최장수 어린이 프로그램이다. 취학 이전의 어린이들에게 자연스럽게 영어 알파벳을 지도해주는 프로그램으로 세서미 스트리트라는 가상의 마을에서 벌이는 에피소드를 중심으로 전개된다. 프로그램의 영향력이 얼마나 큰지 오바마 대통령의 영부인을 비롯해 유명 인사들이 카메오로 출연하기도 했다.

이렇게 학원이나 정규 교육의 도움 없이 나 홀로 텔레비전을 보고 듣고 따라 했던 영어는 중학교에 올라가 시작해서 남들보다 늦지만 문법적 영어를 제외하고 영어 듣기평가에서는 1등을 차지할 수 있게 도와주었다. AFKN의 도움으로 영어의 듣기, 보기, 말하기가 얼마나 큰 힘을 발휘하는지 직접 체험했던 나는 아이들이 어릴 적부터 영어 환경에 적극 노출시켰다. 동요를 불러주어도 영어 동요와 한국 동요를 번갈아 불러주었으며 동화책도 가능하면 하나씩 번갈아 읽어주려고 노력했다. 만화영화 역시 영어로만 볼 수 있게 했으며, 아이들이 어린 시절에는 귀에 들리는지 아닌지 모르지만, 영어 만화를 보면서도 깔깔대고 좋아했다.

요즘 아이들은 무엇이든 배우기에 아주 좋은 환경에서 태어났다. 뽀로로 영어, 아기상어 중국어 등등 각종 매체도 다양하고, 무료로 얻을 수 있는 자료 역시 엄청나게 많아서 신나게 배울 수 있다. 지금도 첫째 딸은 여름방학으로 오전 방과후 수업을 마치고 나와 함께 도서관에 와서 문제집 숙제를 마치고 주토피아 만화를 보고 있다. 주토피아 만화는 아이들의 미래 직업 체험으로 참 좋은 만화영화이다.

방과후 영어 수업은 신나게 읽고, 떠드는 수업이다

방과후 영어 수업은 대체적으로 읽고 떠들고 신나게 하는 수업이다. 학교 수업도 놀이 영어처럼 재밌게 진행되는 것으로 알고 있다. 지금의 영어 수업은 이전에 내가 배우던 교과서만 읽고 영어 단어를 새까맣게 써오는 깜지 숙제를 하는 시대가 아니다. 내가 아는 방과후 영어 수업의 스타일을 좀 소개하겠다. 학교의 방과후 수업마다, 교재마다, 선생님의 스타일마다 다르지만, 우선 우리 아이가 받은 방과후 영어 수업과 내가 다니는 방과후 회사의 영어 수업을 알려드리겠다.

방과후 영어 수업은 읽고 떠드는 수업이다. 회화 형식의 영어 교재로 다 같이 신나게 읽고, 서로가 대화하며 읽으며 상황을 또 파악하고, 이후는 칠판 앞으로 나와서 친구들 앞에서 연기하듯 다시 읽거나 외워서 상황을 표현하는 것이다. 여러 차례에 걸쳐 같은 글을 반복한다. 방과후 영어반 학생들은 억지로 공부하며 외우는 영어가 아니라, 재미있게 읽고 떠들면서 자연스럽게 외우는 영어 회화 수업을 하고 있다.

내 아이들이 다닌 유치원에서도 마찬가지로 유아 영어를 했다. 그 작은 아이가 어떻게 영어를 해석하면서 말하는 것일까? 신기할 정도로 아이들은 쉬지 않고 영어로 신나게 떠들며 발표하던 기억이 난다. 물론 유아 영어는 우리말 의미를 물었을 때 전혀 엉뚱한 대답을 했다. 하지만 지금은 초등학교 방과후 영어를 하고 온 날에 내가 교재의 영어를 기반으로 질문하면 아이는 곧잘 영어로 대답을 하고 있다.

이제는 초등학교마다 원어민 교사가 상주하고 있으며 학교 영어 수업에도 적극 동참하는 것으로 알고 있다. 그리고 더 좋은 것은 방과후 영어 수업 역시 주 1회 이상 원어민 영어 선생님께서 수업을 함께 함으로 아이들이 외국인을 낯설어하거나 경계하는 모습은 거의 사라졌다.

나는 과거에 대학교를 마치고 나면 외국으로 워킹홀리데이를 떠나고 싶었다. 일본이나 영어권 나라로 떠나가서 돈을 버는 경험도 하고 싶었지만, 그 나라에 풍덩 빠져서 해당 나라의 언어를 저절로 습득하고 싶었던 욕심이 있었다. 친구들이나 선후배들이 외국을 다녀온 경험담을 들으면, 마치 커다란 거인 나라라도 다녀온 것처럼 존경스럽고 위대해 보였기 때문이다. 외국에 가면 24시간 내내 그 나라의 언어 속에 빠져 살기 때문에 특별하게 학원이나 따로 언어를 배우기 위해 돈을 쓰지 않아도 된다고 대단한 경험담을 늘어놓으며 자랑하는 것을 많이 들었다.

하지만, 대학을 졸업 전에 인천공항에 취업했으며, 가정 형편상 1년 이상 집안에 돈을 벌어드리지 않으면 안 되는 시국이라 나에게 워킹홀리데이는 불가능했다. 그냥 회사에서 보조해주는 자기계발 비용으로 종로 어학원을 다니는 수밖에 없었다.

지금의 방과후 영어 수업은 아이만 재미있게 수업에 잘 참여하고 복습을 게을리하지 않는다면 어학원을 따로 다니지 않아도 될 만큼 충분히 재미있고 효과가 있다고 확신한다.

3 방과후 독서 논술은 아이의 문해력을 키워준다

문해력은 공감과 소통에 가장 필요한 능력이다

우리나라 문맹률은 세계 최고로 낮은 1%로 알고 있다. 하지만 OECD 조사에 따르면 실질적인 문맹률은 무려 75%라고 한다. 10명 중 7명은 책을 읽고도 내용을 이해하지 못한다. 단순히 글자, 활자만 읽을 줄 알고 내용을 이해할 수 없는 것이다.

읽을 수 있는 것과 이해하며 읽는 것은 다르다. 글자를 아는 것과 모르는 것을 말하는 것이 아니다. 문해력이란 문자를 읽고 그 의미까지 아는 것으로 문해력이 떨어지면 책의 내용을 제대로 이해하지 못하고, 문제를 이해하지 못해서 답을 찾지 못하며, 원활한 의사소통이 불가능해진다. 문해력이 떨어지는 것은 부부싸움이나 아이와의 다툼을 유발하기도 한다. 나와 남편과의 대화가 서로 이해하지 못하고 큰 싸움으로 번지기도 하고, 아이와의 소통이 안 되어 아이의 사춘기가 깊어지고 서로 원망하게 될 수도 있다.

특히 아동기나 청소년기에 문해력이 떨어지면 시험문제에서 무엇을 요구하는지 이해하지 못해서 열심히 공부하지만 성적이 오르지 못하는 결과를 만들게 된다.

문해력이 떨어지는 원인은 무엇인지 고민해보자. 한국교육과정평가원의 이경남 부위원장은 다문화가정, 소위 계층 간의 교육 여건에 따라 문해력의 차이가 심해진다고 한다. 진주교육대학교 국어교육과 최규홍 교수는 최근 학생들이 책으로 정보를 얻는 것이 아니라 인터넷으로 정보를 접하다 보니 글을 꼼꼼히 읽기보다는 필요한 정보만 골라서 보는 것이 익숙해진 탓이 있을 수 있다고 말한다. 그뿐 아니라 현시대에 들어서 가족 수가 현저하게 줄어서 학생들이 사용하는 단어의 수가 줄어들고 어휘력도 감소할 수 있다고 덧붙였다.

모든 학문의 기본 도구가 되는 과목 국어가 잘되지 않으면 글자를 이해할 수 없고, 어휘와 독해를 모르면 학습이 될 수 없기 때문이다. 결국은 문해력이 답이다. 문제집을 많이 풀고 수학 문제를 하나둘 더 맞는 것도 중요하지만, 국어의 문해력이 뒷받침되지 않으면 나중에 학년이 올라갈수록, 공부해야 할 과목이 늘어날수록 아이가 공부하기 더 힘들어진다. 그래서 학년에 맞는 공부 진도를 잘 따라가게 도와주면서 독서를 바르게 하도록 많은 노력을 기울여줘야 한다.

그리고 책을 읽고 나서 함께 대화를 나누면서 독후 활동을 해주는 것이다. 책을 읽은 후 '한 번 읽어냈다'로 끝내는 것이 아니라 책의 내용을 함께 나누고 공감하면서 아이와 소통도 하고 아이의 어휘력이나 독해력의 수준을 파악할 수도 있다. 책의 내용만을 콕 짚어서 질문을 하는 것보다는 주인공의 심정이나 공감하는 부분을 물을 수 있고, 아이가 주인공이라면 어떻게 해결을 해나갈지 물을 수도 있다.

괴테의 어머니는 매일 밤 잠자리에서 아들에게 이야기를 들려주면서 결말을 알려주지 않고 스스로 지어내게 했다고 한다. 이렇게 상상력을 자극하여 아이의 창의력을 길러줄 수도 있고, 아이의 이해력까지 파악할 수 있다.

나는 첫아이가 초등학교에 입학하던 시기에 아이를 잘 챙겨주질 못했다. 아이에게 독서 숙제를 내주고, 내용을 요약해서 알려달라고 하거나 독후감으로 그리거나 내용을 적어서 달라고 재촉했었다. 혹은 책의 내용을 나에게 그대로 축약해서 말해달라고 했다. 그 부작용으로 아이는 책 읽기와 멀어지고, 독후감은 세상에서 가장 하기 싫은 숙제가 되었다.

이후에 나는 방법을 바꿔서 독해력 문제집과 어휘력 문제집으로 1년 가까이 독서를 대체해봤지만, 순수 책 읽는 방법과는 확연히 다른 것을 느꼈다. 책 한 권을 전체로 읽어내어 스스로 이해하고 추론하고 상상하게 하는 힘이 없었다. 단순한 문제집 안에서 단문을 읽고 짧은 글의 독해와 어휘력은 어느 정도 성장했지만, 내가 원하는 대로 커다란 전체적인 그림을 바라보는 능력이 모자라게 된 것이다. 이제는 밤마다 잠들기 전에 책을 읽어주면서 책 내용으로 아이와 소통하며 조금씩 그 능력을 키워나가고 있다.

방과후 독서 논술은 문해력을 키워준다

학교에 가면 방과후 독서 논술반이 있다. 학교마다 다른 이름의 방과후 독서반이 있으니 꼭 한 번씩 찾아보길 바란다. (독서 논술 혹은 독서 토론 등의 방과후 독서반이 있다.) 방과후 독서 논술 수업에서는 독해와 어휘 공부, 책 읽고 줄거리 요약하기, 책 내용의 문제 풀기, 독후 활동 등의 다양한 방법으로 책과 친해질 기회를 만들어준다. 독후 활동으로는 뒷이야기 상상해서 써보기, 이야기 짓기 등의 아이의 상상력과 창의력을 길러주는 연습에 치중하는 편이다. 지금처럼 온라인 수업으로 과제를 스스로 해내야 하는 시기에 수업 내용을 요약 정리하는 과제가 많은데 알아서 잘 정리하고 쓰게 된다.

코로나19 사태로 인해 아이들이 모두 원격수업을 하게 되면서 글쓰기와 토론의 중요성을 절실히 체감하는 중이다. 독서 논술 수업과 책 읽기의 수업은 초등 저학년에 일찌감치 습관을 잡아주는 것이 좋다. 그 이유를 알려주겠다.

태어나서 11살까지는 삶에 필요한 기본 두뇌를 만들고 완성한다. 성인이 되어서도 사고와 행동이 4~10살의 시기에 머무는 경우도 있다. 이것이 세 살 버릇 여든까지 간다는 의미이다. 이것은 학교 성적과 무관하게 사회생활이나 직장에서 업무 처리를 하는 데 큰 영향을 끼치기도 한다. 논리적 사고와 창의적 사고 능력이 바로 그 능력이다. 좌뇌와 우뇌의 균형적인 학습을 통해서 창의성이 뛰어나고 논리적으로 말하며 글로써 표현할 수 있는 능력을 키워주어야 한다.

'오랑우탄 이론'을 아는가? 똑똑한 사람이 오랑우탄을 데리고 방 안으로 들어가서 자신의 생각에 대해서 설명하면, 오랑우탄은 앉아서 그냥 바나나만 먹고 나오는데, 이야기가 끝난 이후 설명을 해준 사람은 더 똑똑해진다는 것이다. 이 오랑우탄 이론은 워싱턴 포스트의 회장이며 발행인이었던 고 캐서린 그레이엄에게 워런 버핏이 알려준 내용이다.

독서 토론 수업은 이 '오랑우탄 이론'처럼 스스로의 생각과 의견을 자신이 설명한 아이는 더욱더 똑똑해질 수 있다는 것이다. 자신의 생각을 말하다 보면 새로운 생각이 떠오르고 부딪혔던 문제를 직접 해결하게 된다. 말하는 과정에서 아래턱을 자주 사용하게 되어 뇌를 자극하게 되고 창의적인 생각이 발현된다. 이런 학습이 주는 최고의 효과는 스스로 문제를 발견하고, 스스로 사고하며 해결하게 된다는 것이다.

따라서 우리 아이들의 자기주도적이며 창의적인 학습 습관을 만들어주기 위해 방과후 독서 논술이나 방과후 독서 토론 수업으로 아이들의 문해력을 채워주면 좋다.

4 복습은 수업 끝난 직후부터 시작하자

주기적인 복습은 장기기억으로 남게 된다

예습보다 강한 복습의 힘. 주변의 우등생을 살펴보면 나름의 공통점을 발견하기 쉽다. 나의 외삼촌이 누차 강조해왔던 우등생의 필수조건은 자기주도적인 예습과 복습이다. 그중 더 중요한 것은 무엇일까? 나는 복습만이 살 길이라고 생각했다.

그리고 몇 년 전 흥미로운 설문 조사 결과가 있었다. 우리나라의 최고 명문대로 꼽히는 서울대학생의 공부법을 묻는 거였다. 연구자는 지난 2000년부터 2007년까지 서울대 입학생 3,121명을 상대로 설문을 하고

이들의 공부 방법을 분석했다. 이들은 예습과 복습 중에서 복습에 치중한다고 말했다.

특히 방학 때의 공부 패턴이 다른데, 대부분의 학생들이 다음 학기의 선행학습을 하는 데 반해 서울대 입학생의 대부분은 방학마다 지난 학기의 총정리와 복습에 치중했다고 한다. 선행학습을 당연하게 해야 하는 일로 인식하는 요즘에 비하면 의외의 결과였다.

헤르만 에빙하우스라는 독일 출신의 유명한 심리학자가 있다.

에빙하우스의 망각곡선 이론에 의하면 학습 후 10분부터 망각이 시작되어 한 시간 뒤에는 50%, 하루 뒤에는 70%, 한 달 뒤에는 80% 잊어버린다고 한다. 망각곡선 이론을 자세히 다시 설명하자면, 학습 종료 후 5분 이내에 복습하면 그 내용을 1일 이상 기억할 수 있고, 여기에 다시 1일 이후 같은 내용을 복습하면 그 기억은 1주일 동안 유지되며 또다시 같은 내용을 복습하면 1달 이상, 1달 후 복습하게 되면 최초의 학습 내용은 6개월 이상 기억할 수 있는 장기기억으로 전환된다고 한다.

그래서 학습 이후의 복습은 필수이다. 그리고 그 주기가 중요하다. 학습 이후 10분 이내 복습하면 한 시간, 하루 이내 복습하면 일주일, 일주일 이내에 다시 복습하면 한 달을 기억하고, 한 달 이내에 다시 복습하면 6개월 이상의 장기기억으로 저장된다. 이것을 공부에 적용해주자. 수업 중 선생님이 강조한 내용은 노트에 필기하기, 수업 후 바로 책을 덮지 말고 배운 내용을 한 번 훑어보기, 그리고 친구에게 수업 내용 요약해서 설명해주기(10분 이내), 집에 와서 그날 배운 내용을 한 번 복습으로 읽어보기(하루 이내), 주말에 그동안 배운 내용을 복습하기(일주일 이내). 그러다 보면 학교에서 보는 단원평가까지 합해서 총 4회 복습이 가능하다.

여기에 복습했던 내용 중 틀린 문제를 위주로 다시 한 번 풀거나 중요한 것을 노트 정리하도록 습관을 만들어준다면 자기주도 학습은 스스로 터득하게 된다. 절대 문제만 무조건 많이 푼다고 해결되지 않는다. 문제를 틀린 이유를 확인하고 개념을 확실히 이해하는 것이 특히 필요하다.

학교와 학원의 수업을 라디오 듣듯이 수동적으로 듣기만 해서는 나만의 지식이 되지 않는다. 자기주도적인 복습으로 자신만의 지식으로 흡수하는 힘을 길러줘야 한다.

반복적인 복습은 장기기억으로 처리된다

나는 아이와 함께 영어책 읽기 공부를 하는 날은 늘 누적된 학습부터 시작을 한다. 챕터1 에서 시작을 해서 오늘이 10일차라면, 아이는 챕터 1 부터 챕터 10까지 모두 읽으며 해석해야 하는 것이다. 그렇지만 아이는 싫어하는 기색이 없다. 이전에 배운 영어를 스스로 혼자 읽어가면서 해석하는 것이 자신의 실력이라고 믿으며 자부심에 가득 차서 읽기 때문이다. 학습 내용이 기억에 오래 남을 수 있는 방법은 간단하다. 학습 내용을 자주 반복해주는 것이다.

수학도 기본 연산 문제집을 꾸준히 놓지 않고 학년에 맞춰 푸는 중이다. 3년간 더하기 빼기만 반복하던 연산 문제집은 이제 3학년이 되어 곱하기와 나누기를 하고 있다. 하루 한두 장 뿐이지만, 7살부터 시작한 연산 실력은 방과후 주산 수업까지 더해져서 이제는 암산도 연산도 가뿐하게 풀어내며 자신이 최고라는 자만심도 가끔 보여준다.

내가 잘못한 부분은 독서 교육이다. 독서야말로 매일 꾸준하게 쉬지 않고 이뤄져야 하는 부분인데 그것을 놓쳐서 다시 시작하느라 애쓰고 있다.

나는 과거 초등학교 시절 혼자 공부하면서 터득했던 부분이 복습의 중요성이었다. 학원이나 과외를 배운 적 없고, 오로지 학교 수업만 열심히 하는 나에게는 복습만이 살 길이었다. 학교 수업 중 선생님께서 강조하는 부분은 노트나 책에 빠짐없이 필기했으며, 귀가해서는 참고서와 노트를 다시 꺼내서 그날 배운 수업을 복습하며 마무리했다. 그래서 나는 시험 기간 중 친구들에게 내 노트를 빌려주거나 나의 시험지를 보여달라는 요청을 받기도 했던 것이다.

이런 경험을 바탕으로 나는 아이에게 매일 쉬지 않고, 독해력 문제집이나 연산 문제집을 꾸준히 풀게 하는 것이다. 이제는 그런 습관과 함께 매일 밤 잠자리에서 책 읽어주기까지 함께하고 있다. 어제는 내가 너무 힘들어서 못 읽어주겠다고 하자, 10살 딸이 5살 동생에게 책을 읽어주었다.

나는 요즘 공부하고 있는 책을 필사하며 매일 꾸준히 숙제하고 있다. 그리고 남편에게는 이전과 달라진 습관 하나가 있다. 집으로 경제신문을 구독해서 읽는 것이다. 나와 함께 경제에 대한 공부를 함께하자면서 시작한 것이다.

이렇게 부모의 변화로 인해 나의 아이도 똑같이 변하고 있다. 내가 사준 『초등 공부, 읽기 쓰기가 전부다』라는 책의 한 부분(초등 교과서에 실린 부분)씩 필사를 시작해서 3일째 빠지지 않고 있다. 어제는 울산도서관에서 날짜가 지난 신문을 무료로 나눠준다는 것을 보고 아이도 어린이

신문 3개를 얻어와서 오늘 아침 아빠처럼 책상에 앉아 신문을 읽는다. 정말이지 기특한 일이 아닐 수 없다.

나는 여태 내가, 우리가, 아이에게 이렇게까지 거울의 역할을 하는지 몰랐다. '부모는 자식의 거울이다. 아이는 부모의 뒤통수를 보며 자란다.' 이런 이야기는 그냥 하는 말로만 알았지 현실로 겪어보기 전까지는 우리 집의 일이 아니라고 생각했다.

나는 어제오늘 아주 깊이 반성하는 시간을 가지게 되었으며, 앞으로에 대한 고민도 더욱더 깊어지게 되었다. '내 아이들이 고3을 지나 대학생이 되더라도, 사회에 나와서 직장생활이나 사업을 하는 그날이 오더라도, 나와 남편은 한 치의 흐트러짐도 보이면 안 되는 건가?' 엄청난 부담감이 물밀듯이 밀려온다. 나는 모범생이 아니었으며, 책 읽고 책 쓰기만 좋아하는 평범한 엄마인데, 나의 모습에서 아이의 미래가 결정된다니 나부터 이전과 다른 나로 바꾸고 바로 세우는 시간을 가져야겠다.

아이의 공부를 나는 아이와 함께 다시 해나가야겠다. 나도 다시 복습을 시작해야겠다.

5 그날의 수업은 방과후 수업에서 복습하자

오감을 이용한 복습으로 지루하지 않게 공부하자

복습의 중요성은 아무리 강조해도 부족함이 없다. 복습은 과목이나 장르를 불문하고 공부를 하는 사람에게는 꼭 필요한 삶의 일부분이 될 수 있다. 나는 지금 2020 SW 미래채움 강사 양성이라는 수업을 이수받는 중이다. 정부 지원으로 4차 산업혁명의 주인공인 엔트리, 스크래치, 3D 프린팅, 파이썬 등의 유익한 수업을 무료로 배우고 있다. 나는 이미 코딩 지도사 자격증이 있지만 공부를 하는 사람들은 알 것이다. 언제나 변화하고 있는 새로운 이론과 지나간 과거형 학습에 머물러 있을 수 없다. 특히 컴퓨터 관련 지식이나 관련 업종은 하루가 다르게 나날이 진화하기 때문이다. 지난번 배울 때 무시했던 파이썬의 역할도 커졌으며, 강사님도 무심코 흘려 지나갔던 3D프린팅 산업은 이제 우리 생활과 너무 밀접하게 붙어 있다. 아이들의 장난감도 3D프린터로 만들기를 하고 색칠을 입히면서 노는 것이 생겼을 정도이다.

이렇게 배움에는 끝이 없으며 언제나 학습에는 복습이 함께 붙어 있어야만 한다. 효과적인 복습을 위해서는 복합적인 감각을 이용하는 것도 효과적이다. 중요한 개념들을 눈으로만 보는 것이 아니라 직접 읽고 소리를 들어보자. 누군가에게 설명하듯이 이야기하는 것도 좋다. 글로 써가면서 복습하는 것도 머릿속에 더 잘 들어온다.

그래서 나의 과거, 초등학교 시절에는 학생들이 순서대로 돌아가며 국어책 읽기를 많이 했으며, 중학생 시절에는 엄청나게 많은 단어를 새까맣게 써오는 숙제도 자주 했다. 요즘은 아이들이 책을 읽지 않고 영상에 너무 많이 노출되어 있으며, 그래서 책과 멀어져 문해력이 떨어져 있는 상태이다. 온갖 SNS와 미디어 등의 활동으로 인해 더 많은 활자에 노출되지만, 부분적인 문단이라서 전체적인 문해력을 키우는 능력에는 모자람이 많다.

고영성, 김선 작가의 『우리아이 낭독혁명』에서 세계적인 뇌과학자이자 도호쿠대학 교수인 가와시마 류타 교수는 모든 활동 중에서 낭독이 뇌를 가장 활성화하는 행동 중의 하나라고 주장한다. 그는 아이들이 게임할 때, 묵독을 할 때, 낭독할 때, 뇌의 활성화 정도를 촬영했다. 연구 결과 낭독을 할 때 뇌의 20~30%가 활성화되었다. 우리 뇌에서 사령탑 역할을 하는 전두엽뿐만 아니라 좌뇌, 우뇌까지 활성화되었다. 반면에 게임을 할 때의 뇌의 활성화 정도는 치매 상태의 뇌 상태와 비슷했다. 한편 낭독을 한 후 기억 능력도 실험했다. 주어진 어휘를 2분 동안 외우게 한 후 얼마나 기억하는지 체크한 것이다. 실험 결과, 낭독 후 아이들의 기억력이 20%나 향상되었다.

이렇게 낭독을 하면, 독서에 결정적인 역할을 하는 뇌 부위를 더 많이 사용하며 뇌가 활성화되고 주의집중력, 기억력이 더 좋아진다. 책을 소리 내어 읽으면 청각이 자극되어 뇌의 활성화가 활발해지는 것이다. 자신이 어디에서 쉬어 읽고, 끊어 읽고, 묶어서 읽을 줄 알게 되며 집중력이 높아지고 독해력도 상승된다.

낭독을 하면서 소리를 내며 자신이 귀로 또다시 그 내용을 듣게 되는 반복적인 학습 효과로 복합적이며 감각적인 복습 효과가 최상으로 올라가게 되는 것이다. 그래서 나는 아이가 1학년이 된 뒤 내 곁에서 책을 읽어달라고 요청하여 종종 낭독을 하도록 시켰다. 한글을 뗀 지 얼마 안 된 아이는 신나서 더듬더듬 동화책을 나에게 읽어주며 좋아했다.

지금 우리 아이는 방과후 수업으로 그날의 수업을 복습하고 온다. 따로 학원이나 과외를 보낸 적은 없다. 학교를 다니기 전에 눈높이 학습으로 연산의 기초를 세워주기 위해 노력했으며, 학교를 입학한 이후에는 방과후 영어와 수학 수업을 3학년부터 다닐 수 있었다.

그래서 2년간 나와 함께 그날의 수업을 복습하며 문제집으로 매일매일 학습 할당량을 채우기 위해 전쟁을 치렀다. 기본적인 연산 문제집 하나와 학교 진도를 따라가는 문제집 하나, 그리고 독해력 문제집 이렇게 3권을 제각각 1장씩 어떤 것은 2장을 푸는 것이다. 가장 힘겨워 했던 것이 서술형 문제이다. 독해력 문제집도 학년이 올라가면 갈수록 어휘력과 독해력 문제집을 겸해야 한다. 독해력이나 수학 문제집 중에서 모르는 단어와 문장을 들고 와서 집안일 하는 나를 따라다니며 질문을 해댄다. 그래서 '어휘력을 일찍 시작해야 하는데.'라는 후회가 들었다.

부모의 관심으로 아이의 성적은 오르게 되어 있다

부모님들은 공감하시겠지만, 어느 가정이나 자기 자식 공부는 엄마 아빠 아닌 전문가에게 맡기는 것이 감정 상하지 않고 오랫동안 서로를 사랑할 수 있는 비결이다. 나도 학교 다닐 때 느꼈으며, 나의 이모님(이모가 초등학교 교사이지만 자녀 교육이 가장 힘들다고 하셨다.)도 공감하고 계신 부분이다. 선생님의 자녀라고 해서 모두 공부를 잘하거나 공부에 흥미를 가지진 않는다.

내 친구는 부모님이 모두 사범대학을 졸업하신 현직 중고등학교 선생님이셨다. 그렇다고 친구가 나보다 월등히 공부를 잘하는 것은 아니었다. 친구는 많은 학습량과 학원과 과외를 하고 있지만, 어떤 날은 나보다 성적이 좋지 않아서 나를 내심 부러워하고 있었다. 내가 하는 공부 방법은 단지 학교 수업과 학교에서의 야간자율학습, 독서실에서의 복습뿐이었다. "너는 학원도 안 다니는데 왜 나보다 등수가 잘 나와? 너 집에 가면 잠도 안 자고 공부하냐?"라는 시기와 질투를 받기도 했다. 그 친구는 학원에서 안 되는 과목은 과외까지 받아가면서 늘 남의 지식을 받아 듣기만 하고 학교 수업 중 태도는 졸거나 놀거나 늘 딴짓을 했다.

지금 고등학교 시스템은 월등히 우리 시대보다 좋은 환경이라는 것이 사실이다. 학생들은 원하는 방과후 수업을 학교에 요청해서 수업을 개설할 수도 있다. 학교 수업으로 부족한 부분을 과외나 학원으로 이동하는 시간까지 절약 가능한 것이다. 학교에는 기본적인 방과후 수업에 교과과정의 심화 수업이 준비되어 있으며, 이외의 다른 수업은 담당 선생님과 수강생의 일정 인원만 모이면 개설되기 때문에 스스로 '인문독서를 통한 사회 현상의 고찰'이라든지, '독서와 공부력과의 상관 관계를 조사하기 위한 동아리' 등의 방과후 수업을 여러 가지 학생부종합전형에 기재하여 스스로를 어필할 수 있도록 개설할 수도 있다.

나는 아이를 방과후 수업에 보낸 이후, 방과후 담당 선생님과 방과후 수업의 학습 진도를 종종 문의한다. 아이의 상태를 수시로 점검하면서 잘 진행되고 있는지 확인하는 것이다. 학교 담임 선생님과 학교 수업의 진도 상태를 점검한 뒤에 방과후 선생님과 다시 연락을 해서 복습 중 어느 정도의 진도를 따라가고 있는지 체크한다. 그리고 복습한 뒤의 내 아이의 학습 상태는 어느 정도인지 정확히 알고 가는 것이 좋다. 아이의 상황을 알고 대화를 나누는 학부모와 전혀 신경도 쓰지 않는 학부모의 아이에게는 아무래도 선생님들의 관심도가 차이 나기 마련이다.

내가 A초등학교 방과후 수업을 갔을 때 일이다. 방과후 수업에 결석을 하는 경우는 수업 시작하고 10분까지 아이가 수업에 들어오지 않을 때 학부모나 아이를 돌봐주는 사람에게 문자로 결석 연락을 보내게 되어 있다. 결석 문자를 받자 아이의 할머니에게 전화가 왔다. 아이가 부모 없이 할머니의 돌봄을 받는 아이인데, 수업을 빠뜨린 거 같다면서 잘못했다면서 전화를 주셨다. 그리고 한 시간 뒤에 아이는 할머니 손에 이끌려 방과후 수업에 들어왔다. 다음 시간은 아이보다 고학년 수업이라 원래는 결석 처리로 마쳐야 하지만, 죄 없는 할머니까지 방과후 수업에 찾아오셔서 머리를 조아리시는 바람에 과외하듯이 그 아이를 따로 수업해줄 수밖에 없었다. 이런 아이는 기억에 특별히 남기도 하지만, 이후 수업부터는 수업 시작 전에 내가 먼저 아이의 교실이나 담임 선생님께 미리 연락을 드려 방과후에 빠지지 않도록 챙기게 되었다.

아이의 미래 대학 이야기는 너무 먼 이야기 같지만, 그렇지 않다. 어느 대학을 가게 될지, 어떤 전공을 택하게 될지, 아이의 장래 직업에 대한 꿈은 아직 미정일 수 있지만, 우선은 SKY대학에 보내고 싶은 욕심은 누구든지 동일하다고 본다. 그런 의미에서 우리는 아이의 기본적인 학습 상황과 내 아이의 상태를 기억하고 아이의 기본적인 자기 학습 능력을 끌어올리는 것과 공부력을 키워주는 것도 모두 부모의 관심과 선생님의 사랑으로 가능하다.

복습의 중요성은 아무리 강조해도 부족함이 없다. 에빙하우스의 망각 곡선에서 알려드렸다시피 복습에는 주기가 가장 중요하다. 학습 이후 10분과 하루 이내 복습하게 되면 일주일, 일주일 이내 복습하면 한 달 동안 기억하게 된다. 그래서 가장 중요한 것이 방과후 수업이다. 그날의 수업은 그날 방과후 수업에서 하는 복습으로 충분하다. 초, 중, 고등학교 어디든지 방과후 수업은 존재하고 있다. 코로나19 사태로 인한 변동성만 있을 뿐이지 어느 연령의 아이라도 방과후 수업으로 복습을 하는 것은 가능하며 적극 추천하는 바이다.

6 상위 4%(1등급) 학생들만 수업하는 학교

이전이나 지금이나 학교에서는 1등급 학생만 대우한다

나는 어려서 아버지가 없는 관계로 엄마와 단둘이 지내고 있었다. 직장에 다니는 엄마는 성적이나 공부에 신경 써주실 시간이 없었다. 그래서 나는 초등학교 입학 초기에는 부모님의 부부싸움과 이혼 과정 속에서 혼란스러웠고, 이혼한 이후는 편모 가정으로 남들의 따가운 눈총을 받았다. 그래서 친구가 별로 없었고 어울리기 힘겨웠다. 그런 와중에 나는 책과 유일한 친구가 되어 도움을 받게 되었으며, 스스로 공부하기 시작했다. 초등학교 시절은 공부만 잘하면 주변의 사랑과 관심을 받으며 부족함을 모르고 지낼 수 있었다. 하지만 정작 나의 이런 노고를 인정해줘야 할 엄마는 자주 받아오는 내 상장을 본 체 만 체 하시는 듯 김치 국물을 묻혔고, 나는 공부와 이별해버렸다.

그렇게 중학교를 가서 성적도 안 좋고 편모인 나는 친구도 없고 담임 선생님과의 관계도 늘 머쓱한 아이였다. 사춘기까지 겪는 나에게 아무도 관심을 주지 않아 자살 기도도 해봤지만, 아무도 모르게 나 혼자만의 자살 미수로 그치는 것이 2번이었다. 그렇게 나는 교실에 있는 듯 없는 듯 한 조용한 아이였다. 그러던 중3 여름방학, 엄마는 내게 극단적인 선택을 하라면서 엄마의 공장에 나를 집어 넣으셨다. 인문계 고등학교에 가서 열심히 공부하지 않을 거면, 엄마처럼 공장에서 일하고 저녁에 여상을 다니라는 엄마의 엄벌이었다. 그해 여름 한 달 동안 공장에서 일하면서 깨닫게 되었고, 나는 마음을 다잡고 인문계 고교인 인천외고에 진학하게 되었다.

당시 인천에서 유일했던 외국어고등학교가 나의 집에서 멀지 않은 곳에 있었다. 그래서 나는 인천외국어고등학교에 진학하며 아주 열심히 공부하기로 마음먹고 상위권 학생이 되었다. 나는 학교의 선생님들의 관심을 많이 받고 구청 장학생이 되기도 했다.

지금은 고등학교에서도 방과후 수업을 하고 있다. 하지만 우리 세대에서는 방과후 학교가 없었고, 보충 수업과 심화반 수업으로 나뉘어 있었다. 심화반 수업을 하는 학생들은 수업을 위해 해당 교실로 이동해야 하며, 그 반의 친구들은 다른 반으로 이동 수업을 했다. 심화반 수업과 보충 수업을 마치면 야간자율학습 시간이다. 이렇게 야간자율학습을 마친 후에야 학교 밖으로 나올 수 있었으며, 저녁 간식을 먹고 또다시 학교 앞 독서실로 발걸음을 옮겼다. 이때는 내가 학교의 상위 4%라는 사실을 몰랐었다. 그냥 그렇게 하라고 하니 시키는 대로 수업하고 있었으며, 친구들과 마찬가지로 다 그렇게 학교생활을 한다고 생각했다. 졸업 이후 동창회에서 만난 친구들과 회포를 풀며 듣고 알게 된 사실이다. 나와 같은 심화반 친구들 때문에 교실을 옮겨다니는 게 싫었다며, 자신의 자리를 남이 사용하게 하는 것도 불편했지만, 공부 못하는 게 죄였다고 웃으며 하는 이야길 들었다.

기억해보니 당시 수업도 많은 편견과 오해가 있었다. 상위권 학생들 위주로 수업 진도를 나가기도 하고, 시험 범위나 모의고사의 수준도 우리에게 거의 맞춰져 있었다. 수업시간 중 모르는 내용이나 진도를 따라가기 어려워하는 몇몇 친구는 쉬는 시간이나 야간자율학습 시간에 나에게 물어보는 경우도 있었기 때문에 알 수 있었다. 선생님께 질문하는 게 부끄럽다고 나에게 묻고, 난 시험 기간이면 수업별 요약 정리본을 친구 몇몇에게 나눠주기도 했다.

우리 아이의 학교 수업 스타일도 변함은 없는 거 같아 보인다. 학년이 시작되고 학기 초에 아이들의 수준 평가를 자체적으로 하고, 공부를 잘하는 아이들이 학습 능력이 조금 뒤처지는 아이들의 학습 도우미 역할을 맡아서 수업을 이끌어간다는 담임 선생님의 이야기를 들어 알게 되었다. 뒤처지거나 조금 천천히 오는 학생들을 학교는 여전히 배려하지 않는다.

학교는 뒤처진 학생들을 챙겨가며 나아갈 수 없다

내가 아는 언니는 경기도에서 울산으로 이사를 오게 되었다. 남편의 죽음으로 친정이 울산이라 이사를 오게 되었다는 것이다. 이 언니는 초등학교의 수준이 강남만큼 치열하다는 학군에 아이를 보내고 있었다. 어느 날 언니는 아이의 학교 담임 선생님의 호출을 받아 학교에 가게 되었다. 선생님의 상담 내용은 이렇다고 했다.

"민석이가 공부를 잘하고 있습니다. 그런데요, 유별나게 민석이만 자꾸 2~3개씩 계속 틀리고 있습니다. 아무래도 민석이 공부에 어머님이 신경을 더 써주셔야겠습니다."

선생님의 이 이야기를 듣고 언니는 이해를 못 하겠다고 했다. 8살 밖에 안 된 1학년 아들의 80점대 성적이 뭐가 나쁘다는 건가? 어떻게, 무엇을 더 가르치라는 건가? 담임 선생님이 다른 무언가를 요구하시는 건가? 그 인근 초등학교의 유별난 학구열은 강남 못지않기로 울산에서 유명한 곳이다. 하나만 틀려도 울고불고 난리인 아이들이 다니는 학교에서 아이가 계속 2~3개를 틀리는데, 아무런 조치를 취하지 않는 엄마에게 담임 선생님은 일침을 주신 것이다.

그래서 나도 내 아이를 떠올리며 반성해보았다. 다행스럽게도 내 아이는 2~3개를 틀려오기도 하고, 1~2개를 틀려오기도 했지만 이제는 거의 100점을 받아오고 있다. 요즘은 다른 아이를 가르쳐주는 수준이라니, 감사하면서도 늘 자만심이 넘치지 않도록 가르치고 있다. 요즘 아이들은 학습 능력이 빨라서 아무리 뒤처져 있어도 순식간에 집중해서 뛰어넘을 수 있다.

"어제 네 뒤에 90점 받던 친구라도 언제든지 너를 넘어 100점 맞을 수 있으니, 항상 잘난 척하면 안 된다."라고 아이 아빠는 입이 마르도록 잔소리한다.

학교 교육은 뒤떨어지는 아이 한 명 한 명을 위해 다른 19명 아이들의 수업을 미룰 수 없다. 학교 학사 일정이 1년간 정해져 있는 만큼 진도라는 것은 아이들을 위해 나가는 것이 아니라 학교 행정상 아이들이 없더라도 나가고 있을 시스템이다. 그러므로 선생님들은 수업을 못 따라오는 아이들에게 학원 수업과 과외를 받게 해서라도 학습 진도를 일치시키려는 것이다. 그렇게 선생님들은 어쩔 수 없이 학교 수업을 따라오는 상위 4%의 아이들을 데리고 전진하는 수밖에 없는 것이다.

그렇다고 학교가 아이들을 모두 포기하는 것은 아니다. 중학교, 고등학교 방과후 수업은 국영수, 보충 수업의 개념으로 거의 대부분이 교과과정의 심화 수업을 진행하고 있다. 이외의 방과후 수업은 체육이나 예술 분야 등으로 나뉘어 있으며, 학교마다 진행되는 방과후 수업은 천차만별이니 스스로 찾아 봐야 한다.

"방과후 수업이란 학생과 학부모의 요구와 선택을 반영하여 수익자 부담 또는 재정 지원으로 이루어지는 정규 수업 이외의 교육 및 돌봄 활동으로, 학교 계획에 따라 일정한 기간 동안 지속적으로 운영하는 학교 활동이다. 학교는 학생과 학부모의 요구를 바탕으로 방과후 학교 또는 방학중 프로그램을 개설할 수 있으며, 학생들의 자발적인 참여를 원칙으로 한다."
  – 초중등교육과정 총론 (교육부 고시제 2015–74호)

각 학교별 홈페이지에서 학교의 방과후 수업에 대한 과목과 수업 내용

확인이 가능하며, 고등학교 방과후 수업은 차후 학생부종합전형에도 반영되는 만큼 활용도가 높다. 학교 수업이 너무 앞서가고 자기만 버려둔다고 생각하면 안 된다. 방과후 수업으로 열심히 복습하며 뒤따라가야만 한다.

7 혼자 하는 공부보다 함께하는 공부의 능률이 높다

함께하는 공부는 혼공(혼자 하는 공부)보다 재미있다

혼자서 과외를 하는 것보다는 다 같이 그룹 수업을 하고 친구들과 함께하는 수업이 아이에게도 스트레스 없이 학습력을 올리는 최상의 방법이다. 아이의 성향마다 다를 수 있다는 것은 인정한다. 하지만 특별한 소수 아이들을 제외한 대다수 아이는 혼자 하는 자기주도 학습 능력이 그 특별한 소수보다 조금 뒤떨어지거나 능력이 다르기 때문이다.

오늘 나는 아이와 함께 방학 중에만 진행되는 역사 특강을 듣기 위해서 아이의 친구와 함께 수업을 갔다. 조선시대 27대 왕의 이름을 계보 순서대로 외워오는 것이 숙제였다고 한다. 나는 과제를 알게 된 어제부터 아이에게 과제와 관련된 노래를 찾고, 왕의 이름을 계보 순서대로 적어주며 외우라고 시켰다. 노래를 흥얼거리며 공부하는 거 같았지만, 완벽하게 외웠는지는 확인하지 않았다.

그리고 수업 날 아침, 친구와 함께 차를 타며 수업을 가는 도중 아이들이 서로 같이 노래를 부르면서 조선시대 27대 왕의 이름을 외우고 있었다. 역사 수업을 마치고 역사 선생님께서 보여주신 시험지를 보자마자 나와 친구 엄마는 함박웃음을 지었다. 15명이 넘는 아이들 중에서 우리 아이 둘만 조선시대 27대 왕의 이름을 완벽히 적어낸 것이다.

아직은 초등 3학년이지만 3학년 사회 교과서부터 나오는 역사 공부는 담임 선생님들이 세세히 가르치거나 모든 아이에게 숙지시키고 넘어가지 않는다. 교과서를 읽고 내용만 알고 지나가면 다행인 것이다. 가끔은 주제를 주고 조사해서 발표해보자고 숙제를 내주시면 거의 모든 아이는 일반적인 네이버 답만 가지고 온다고 한다. 그렇게 초등학교 사회 수업은 의미 없이 대부분 넘어가게 된다고 한다.

문제는 중학교에 가서 시작된다. 이렇게 초등학교 사회 수업을 대충 넘긴 아이와 미리 한 번이라도 학습을 마치고 올라간 아이들과의 성적

차이는 하늘과 땅이 되는 것이다. 그래서 나는 방과후 역사논술을 아이에게 미리 시켰지만 저학년일 때 시작하자 의미도 내용도 이해하기 어렵고 시간과 돈만 버리는 안타까운 상황만 접하게 되었다.

10살이 된 지금 나는 방학 시간을 틈타서 주말 역사 특강 수업을 찾아냈고, 주말반으로 역사 수업을 시작하게 되었다. 이렇게 역사를 한 번씩 미리 사전 경험하고 학교에서 배운 아이는 받아들이고 이해하는 수준이 벌써 차이가 나게 된다. 그렇게 사회 부분의 역사, 경제, 정치, 문화를 정리하고 중학교에 들어가면 아이는 선두에 설 수 있게 되는 것이다.

정말 감사한 일은 이런 좋은 기회를 혼자 과외 시켰다면 아이는 아마 힘겨워하면서 왜 해야 하냐고 많은 투정을 부렸을 것이다. 하지만 친구와 함께 하는 역사 특강 수업은 오전 중 친구와 공부하고 오후는 자유롭게 노는 시간을 허락받아 즐겁고 재밌게 수업을 하고 있다.

나의 아이는 성격이 급하고 활발하고 명랑해서 그런지 오랜 시간 홀로 집중하는 것보다는 다 함께 모여서 함께하는 수업과 활동을 좋아한다. 그리고 가장 잘해서 눈에 띄는 것을 즐기는 아이이다.

함께 공부하는 친구와는 정반대의 성격인 것이다. 친구는 조용하고 혼자서 집중하고, 몰입하는 시간이 긴 아이이다. 나는 아이가 이런 반대 성향의 친구와도 자주 어울려 놀기를 원했다. 친구 아이의 엄마도 마찬가지라고 했다. 서로의 부족한 부분이나 잘하는 역할을 보완해주기에 너무 좋은 기회라고 생각하기 때문이다.

격려와 응원과 지지를 받는 아이는 성적이 나날이 오른다

사람은 사회적 동물이기에 혼자서는 아무도 없이 홀로 살아갈 수 없다. 그리고 현대 사회 아이들은 태어나서 어린이집부터 그러니 빠른 아이는 만 0세부터 집단 사회생활을 경험하게 된다. 이렇게 본인의 취향과 성향을 모두 받아주는 것이 사회가 아니라 그 어떤 사회에서도 본인이 맞추어나갈 줄 알아야 하는 것이다. 그렇게 친구와의 교우 관계도 깨달아나가기를 바랐던 것이다.

요즘 아이들은 대개 자기 자신 하나만 알고 친구나 주변 어른을 공경하거나 지인들을 배려하는 방법을 배우지 못하는 것 같아 안타까웠다. 기본적인 예의범절조차 배우지 못한 부모들이 그들의 자녀 또한 똑같이 사람답지 못하게 가르치고 감싸는 것만 하기 때문이다. 이렇게 자라난 아이가 성인이 되고, 그 성인이 또 자녀를 낳아 기르다 보니 사회는 계속 같은 사람들로만 채워지는 것 같아 큰 문제가 아닐 수 없다. 그래서 나는 혼자, 나만 아는 공부를 하는 것이 아니라 서로가 함께 공부하며 다 같이 격려하며 응원하고 지지하는 공부를 하는 것이 맞다고 주장한다. 혼자 하는 공부보다 함께하는 공부가 능률이 높다.

다가오는 미래의 모습은 4차 산업혁명의 발전과 더불어 인공지능과 로봇이 인간의 많은 업무를 대체하게 될 것이다. 이런 미래 속에서 우리 아이가 가져야 할 직업과 해야 할 소명은 인간의 소중한 능력을 발전시키는 것이다. 서로 소통을 기본으로 협업하며 인간만이 지닌 창의력을 끌어올리고 생명의 존엄함을 지키는 것이다.

과거 우리 조상들과 같이 인간의 노동력을 이용하지 않으면 살아갈 수 없는 것이 아니다. 농사를 짓는 일부터 창의력을 바탕으로 로봇을 활용하고 생명공학을 이용하여 최소한의 투자로 최대한의 수확을 이뤄내야 한다. 이제는 오염되고 재생조차 어려운 지구가 아니라 우주 저 멀리 화성과 달나라까지 여행을 가고 탐사를 떠나는 시대이다. 혼자만의 능력이 아니라 여러 사람, 여러 분야 전문가들과 협업하고 소통해서 성공을 이뤄내는 것이 미래 우리 아이들이 해나가야 할 일인 것이다.

그래서 현시대 변화된 교육 환경은 아이들이 공부와 학습으로 늘 서로 소통하고 토론하고 토의하는 시스템으로 변경된 것이다. 공부를 하는 이유와 학습을 하는 이유의 출발점부터 나 혼자 잘 살기 위한 미래가 아니라 우리가 함께 잘 살기 위한 미래이기 때문이다.

2020년 8월 22일자 〈MBC 강원영동뉴스〉 "학력 격차 줄이기, 기초학습 지원 확대"라는 기사에서는 코로나19로 인한 등교 수업이 제한되면서 기초학력 미달자가 늘고 학력 격차가 생긴다는 우려로 인해 학교에서는 각종 교재 개발과 집중캠프 등이 실시되고 있다고 말한다. 하나의 예시가 방과후 학생들을 위해 마련된 독서 프로그램이다. 화상수업으로 만난 초등학생들이 전날 읽은 책을 발표하고, 오늘 읽을 책에 대한 이야기도 나눈다. 단순히 글자를 읽는 것이 아니라, 내용을 이해하고 전달하는 능력을 키우는 과정이다. 이것은 학습지원단 프로그램의 하나인데 체험 프로그램 등으로 다양하다. 학교에서는 이른바 천천히 배우는 아이들에 대한 도움을 요청하면 1대1 진단평가를 실시하고 수준에 따라 학습을 지원한다고 한다.

이렇듯 각자 집에서 혼자 공부하면 다함께 학교에서 모여 공부하는 것보다 학습 능력이 뒤떨어지게 된다. 그래서 혼자 하는 공부보다는 함께하는 공부의 능률이 높다. 하루라도 빨리 코로나19 사태가 종식되어 아이들이 모두 모여 함께 즐거운 교실에서 다 같이 공부하길 원한다.

방과후 수업

200%

활용하는 법

1 영어는 꾸준한 반복이 답이다

영어는 모국어 같은 반복과 일상적 노출이 생명이다

나는 아이의 영어 공부를 위해 특별히 신경 쓴 것이 없었다. 아이가 영어 환경에 많이 노출되기만을 바랐다. 내가 의도치 않게 어려서부터 영어 환경(AFKN 등)에 많이 노출되어 다른 친구들보다 듣기를 잘했던 것처럼 영어가 많은 환경이 아이에게 큰 도움이 될 것이라는 경험에서 우러나온 것이다. 내가 아이에게 원어민처럼 대화를 나누게 할 수는 없지만, 그런 환경을 만들어주기는 쉬웠다. 굳이 어학원이나 영어 유치원이 아니어도 상관은 없다. 내가 인천공항 면세점에 근무하던 시절 각 대학에서 어학을 전공했다는 여러 친구도 마찬가지였다. 한국에서 언어를 전공하는 것보다는 유학을 가거나 워킹홀리데이처럼 그 나라의 언어 환경 속에 빠져 살게 되면 언어는 자연히 늘고 저절로 입이 터진다는 것이다. 게다가 부모 없는 타국에서 스스로 무엇이든 해결해야 하고, 자신이 직접 모든 것을 책임져야 하는 독립의 기회를 얻으니 새롭게 태어난 2번째 인생을 사는 것 같다고 했다.

아직도 우리나라 사람이 일본으로 유학을 가거나 워킹홀리데이를 나가면 차별을 받는 경우가 많다고 한다. 내 친구도 일본에서 1년간 워킹홀리데이 하는 동안 일본인에게 외국인노동자 취급을 받으면서도 악착같이 버티고 이겨냈다. 워킹홀리데이가 끝나는 1년 뒤 일본을 떠나올 때는 가장 심하게 차별하고 구박하던 그 일본인 친구와 오히려 절친이 되어 한국에 와서도 가끔 연락을 하고 있다고 한다.

이런 소중한 경험은 언어를 배워온다는 것뿐 아니라 인생에서의 생각과 이후의 삶에 대한 관점도 크게 바꿔주는 기회가 되기도 한다. 외국 생활을 경험해본 친구들과 나처럼 한국 안에서만 자라온 친구들의 생각과 사고의 범위는 크기 자체가 달랐다. 부자이거나 재벌이거나 재산이 있다고 하는 집안의 아이들은 필수 코스로 다녀오는 것이 유학인 것을 봐도 알 수 있다. 그렇게 나 역시 친구들과 지인들처럼 외국 생활을 꿈꿨지만, 아쉽게도 나는 그 유익한 경험을 이뤄보지는 못했다. 그저 한국 내에서 원어민과의 대화만을 계속 이어갈 뿐이었다.

그래서 나는 아이에게 영어 환경을 만들어주기 위해 노력을 기울였다.
영어 노래, 영어 동요, 영어 게임, 뽀로로 역시 영어로 보고 듣게 했다.
내 아이는 영어 천재는 아니지만, 영어에 대한 거부감 없이 영어도 모국
어처럼 흡수하고 배워야만 하는 과제로 자연스레 받아들이고 있다. 그
렇게 초등학교에 가서 방과후 중국어를 접한 뒤에는 매일 배우는 언어로
영어에서 중국어까지 추가되었다.

첫아이는 영어 공부를 어렵지 않게 하고 있다. 매일 아침에 CNN을 켜
두고 아침밥을 먹고 있다. 라디오 영어방송을 듣고 싶지만, 아이가 너무
어린 관계로 영상이 낫겠다는 개인적인 견해가 있어서였다.

영어 흘려듣기는 나의 듣기평가 점수를 100점 받게 해주었다

『잠수네 아이들의 소문난 영어공부법-입문편』은 2000년부터 2003년
까지 〈잠수네 커가는 아이들〉(교육정보 사이트)에서 나눈 영어 교육 정
보와 경험을 정리했고, 대한민국 20만 엄마들이 인정한 자녀 교육 분야
의 부동의 스테디셀러이다. 〈잠수네 커가는 아이들〉 사이트는 자녀 교육
에 관심 있는 엄마라면 모르는 사람이 없을 정도로 유명하다. 영어 학습

노하우뿐만 아니라 다른 곳에서 볼 수 없는 다양한 학습 정보와 초, 중, 고등학생 자녀를 위한 생생한 교육 정보가 있는 곳이다.

이신애 저자의 책에서 영어 공부에 대한 비법과 노하우를 살짝 엿보자면 내용은 이렇다. 영어 교재를 굳이 몽땅 전집을 사서 볼 필요는 없다는 것이다. 아이에게 맞는 책이 다양하고 다른 만큼 영어 교재나 원서 또한 아이에게 맞는 것으로 사볼 필요가 있다. 그래서 아이의 손을 맞잡고 엄마가 우선 향해야 할 곳은 도서관과 인근의 대형서점이다. 시립도서관이나 집에서 가까운 도서관을 내 집 드나들 듯이 편안하게 이용하라는 것이다. 그리고 필요한 원서나 보고 싶은 책을 도서관에 신청해서 빌려볼 수도 있다. 내 것처럼 편하게 낙서나 메모를 할 수는 없지만, 꼭 필요한 그런 책은 서점에서 구매하면 되는 것이다. 그리고 시간이 허락되면 도서관 사서로 봉사하면서 신간이나 원하는 책을 도서관에서 직접 구매하도록 건의하는 것도 가능하다.

대형 서점과 영어 전문 서점으로 아이와 함께 자주 찾아가보는 것도 좋다. 추천받은 책이 어떤 것인지 확인도 해보면서 책을 자주 접하다 보면 아이가 좋아하는 취향의 책을 찾기도 쉬워진다. 그리고 안 되는 것은 영어책 대여점을 이용해보는 것이다. 도서관과 대여점을 이용하면서 아이가 탐내는 원서는 그때 가서 구매해주어도 늦지 않다는 것이다.

잠수네에서 강조하는 영어 교육의 첫 번째 과정은 흘려듣기이다. 이 방법은 나도 모르게 나부터 예전에 써오던 비법이었다. 흘려듣기란 애니메이션, 영화 등의 영상 매체(DVD, TV,동영상, 영어책CD)를 보거나 듣는 것을 말한다. TV, 노트북이나 데스크탑, 태블릿, 스마트폰, DVD플레이어 등의 다양한 기기들을 통해서 활용할 수 있다.

흘려듣기의 효과는 영어소리 노출 시간을 많이 확보할 수 있으며, 영어를 알아듣는 귀가 트인다. 어휘나 문장을 유추하는 능력이 생기면서 외국에 살았던 아이처럼 발음이 유창해진다. 실제 사용하는 영국식, 미국식 표현을 자유롭게 구사한다. 이런 장점들을 얻게 된다.

내가 직장생활을 하면서 학원을 다닐 때의 불만이 이것이었다. 영국에서 태어난 영국인이 아닌 영국에 거주했던 호주 사람이고, 미국인이지만 미국식 영어를 쓰지 못하는 캐나다 사람인 원어민들이 영어를 사용할 줄 안다는 이유만으로 우리나라에서 영어를 가르치는 것이 불만이었다. 내가 미국에 가서 한국어를 가르치면서 부산 사투리로 한국어를 가르친다고 생각해보자. 그런 그들의 남다른 억양이나 악센트가 영어 대화를 나누면서 내게는 언제나 불편함으로 다가왔다.

이런 점에서 나는 잠수네 영어 공부법에 적극 찬성하고 동참하게 된 것이다. 내가 어릴 때 했던 영어의 환경에 퐁당 빠지는 것이 아이의 영어 공부에 지대한 영향력을 미친다는 것이다. 흘려듣기는 우리 어른들의 영어 해석처럼 바로바로 한국어를 영어 문법에 맞춰 바꿔서 이해하는 게 아니다. 그냥 이해가 안 되어도, 해석 안 되더라도 열심히 듣는 것이다. 아기들이 모국어를 배우는 것과 마찬가지로 듣는 득시 이해는 못 하지만, 해석은 안 되지만, 계속 그 언어에 빠져서 무작정 많은 시간 듣다 보면 이해가 되고 유추가 되는 것처럼 터득하게 되는 것이다.

집안에 혼자 있는 시간이 많던 어린 시절의 나는 유일하게 방송 나오는 TV 채널이 AFKN뿐이었고, 그래서 영어 뉴스와 영어 드라마, 시트콤을 모르지만 계속 들을 수밖에 없었다. 그나마 눈치껏 조금 알아듣는 세서미 스트리트가 나올 때 가장 행복했다.

그렇게 나는 아이들에게 좋아하는 영상과 영화를 영어로 접하게 해주었고, 첫째가 10살이 된 지금은 아침 식사 시간에 CNN 방송을 켜두고 흘려듣기를 하는 중이다. 5살인 둘째는 뽀로로 영어와 코코몽 영어가 이제 시시한 단계로 접어들어서 영국 BBC에서 제작한 넘버블럭스를 유치원 하원 후 시청 중이다. 이렇듯이 영어는 모국어와 마찬가지로 꾸준한 반복만이 답이다.

2 공부의 시작은 철저한 시간 관리다

시간은 유한하다고 생각하고 사용해야 한다

파킨슨의 법칙을 아는가? 영국의 경영연구가이자 역사학자인 파킨슨이 발견한 것으로 '사람은 시간이든 돈이든 조건 없이 주어진 자원은 고갈될 때까지 몽땅 사용해버린다'는 경험 법칙을 말한다. 파킨슨은 2차 세계대전 당시 해군에 근무하면서 영국 해군의 인력 구조 변화를 담은 자료에 주목했다. 이 자료에 따르면, 1914년에서 1928년까지 14년 동안 해군 장병의 숫자는 14만 6,000명에서 10만 명으로, 군함은 62척으로 20척이 줄어들었으나, 같은 기간에 해군 본부에 근무하는 공무원의 숫자는 2,000명에서 3,569명으로 80% 가까이 늘어났다고 한다.

업무의 양은 줄었지만, 일하는 공무원이 증가한 이유에 대해서 파킨슨이 연구한 것이다. 보통의 직원들은 "이 업무를 2주 안에 마쳐주세요."라는 부탁을 받으면 대부분 2주일을 전부 사용해버린다. "2주일의 여유를 주셨지만, 이틀 만에 완수했습니다."라는 기적 같은 일 처리를 하는 사람은 거의 만난 적 없다. 돈도 마찬가지다. 예산이 200만 원 주어진다면, 200만 원을 다 써야 하는 것으로 인식한다. 오히려 시간도 돈도 '이걸로는 부족하다, 좀 더 여유가 있으면 좋겠다.'라고 생각한다.

사람들은 시간에 일을 맞추는 것이 아니라 일에 시간을 맞춘다. 마감 시간이 8시라고 주어지면, 6시에 일이 끝나도 8시까지 시간을 끈다. 원고 마감이 내일이라면 오늘 밤새서라도 기한을 맞추지만, 마감이 다음 주 월요일이라면 일요일까지 끌다가 날짜가 닥쳐서야 제출하는 것이다. 시간 경영을 못 하는 사람일수록 이런 현상은 심각하다. 이렇게 '파킨슨의 법칙'에서 배울 수 있는 것은 '인간이란 자원이 한정된 쪽에서 생산성이 오른다, 시간이 제한된 쪽에서 생산성이 상승한다.'는 것이다.

인생에서 일과 시간이 중요한 것은 당연하다. 그래서 일 이외에 중요한 것도 확실한 일정으로 준비할 필요가 있다. 그렇지 않으면 평생 일에만 쫓기게 되고 정신 차리면 중요한 것은 아무것도 못 하는 결과가 발생될 수도 있기 때문이다. 하버드 비즈니스 스쿨의 교수들도 '투자하지 않으면 보상도 없다'고 가르친다. 아무리 일이 바쁘더라도 그것이 즐겁더라도 자기가 정한 시간에 컴퓨터를 끄고 핸드폰을 내려놓는 것이 소중한 자산 중 하나이다.

하버드 대학교는 미국은 물론 전 세계에서 내로라하는 인재들이 모여 있는 학교다. 교수든 학생이든 모두 우수하니까 엄청나게 공부해야 버틸 수 있다. 조금만 방심하면 금세 뒤처지고 만다. 시험을 잘 보는 것만으로 우수한 대학 생활을 해갈 수 없다. 쏟아지는 리포트와 과외 활동, 다양한 과제를 소화하려면 시간 경영은 필수이다. 그래서 하버드의 성공적인 대학생들은 시간을 아낀다. 하루 24시간을 밀도 있게 조직하고, 일주일 168시간을 효과적으로 배분하고 활용한다. 하버드에서도 우수한 학생으로 살아가는 핵심 요인은 시간을 효율적으로 경영하고 지배하는 것이다. 이런 이유로 하버드 도서관은 24시간 불이 켜져 있는 것으로도 유명하다. 그만큼 시간을 효율적으로 사용한다는 의미일 것이다.

자신의 시간은 스스로 조절하도록 맡겨보자

2017년 서울대 경영학과에 입학한 김민우 학생은 사교육 없이 공부했다는 것으로 유명했다. 김민우 군의 공부 스타일은 단순했다. 자신의 실력을 올리는 데 도움이 되지 않는 것들을 과감히 버린 것이다. 학원을 알아보고 등록하고 학원으로 이동하는 시간도 결국 낭비되는 시간으로 치부해버리고 그 자투리 시간에 더 많은 공부를 했다고 한다.

"쉬는 시간 10분이면 국어 지문 하나 읽고 문제 풀기에 딱 맞는 시간이다. '고작 10분'이라고 생각할 수 있지만 하루를 모으면 한 시간이다. 이 한 시간이 매일 쌓인다면 결코 무시할 수 없는 시간이 된다."

김민우 군은 자신이 어느 정도까지 지치지 않고 공부할 수 있는지를 미리 파악하고 그에 따라 학습 스케줄을 조정하며 공부했다. 그에 따라 휴게 시간도 정해졌다. 철저한 계획에 따라 공부 시간과 쉬는 시간을 가짐으로 그 패턴이 몸에 익도록 한 것이다.

시간을 지배하려면 시간을 소중하게 대하고 시간을 효과적으로 관리하고 설계해야 한다. 공부의 시작은 철저한 시간 관리이다. 우리나라 최고 명문대로 불리는 서울대생, 그들은 수업이 시작해서 끝날 때까지 몰입이라 부를 수 있을 만큼 고도로 수업에 집중한다. 몰입은 오직 공부에 집중하는 것이다. 주변에 대해서 아무것도 신경 안 쓰고, 자신의 공부에만 집중하는 것이다. 그 집중은 공부하는 과정에 집중해야 한다. 최종 성적이나 결과에 중점을 두고 몰입하면 꾸준하게 스트레스를 쌓으며 공부하게 된다. 이런 경우의 학생들은 시간이 갈수록 몹시 힘들고 지치게 된다. 과정 중심으로 공부하면서 몰입을 하게 되면 무엇보다 공부가 재미있어진다. 이런 재미를 붙이기 위해서는 과도한 선행 말고 복습을 해야 한다. 복습 위주의 공부는 상대적으로 스트레스가 적어서 시간 효율이 좋다. 공부를 잘하는 비결 중 하나는 복습 위주의 몰입이다. 열심히 문제집만 푼다고 공부가 잘되지는 않는다. 머리로만 푸는 게 아니라 개념과 원리를 이해하고 완벽하게 숙지해서 설명할 수 있을 정도로 하면 재미는 저절로 붙는다. 수학도, 과학도 개념을 이해하고 구조와 원리를 깨닫게 되면 어떤 과목이든지 재미를 느낄 수 있다.

지난주 과학 시간에 태양계에 대해 배운 아이와 함께 저녁 외식을 다녀오던 길이었다. 저녁 늦게 하늘에 떠오른 달을 바라보면서 아이가 말했다. "저건 초승달인가? 아니네~ 아래로 내려와 있으니까 하현달이구나." 그 말을 들으면서 '개념을 알아야만 스스로 아는 것과 모르는 것을 구분할 수 있구나. 이런 게 메타 인지력이구나.'라고 깨닫고 아이가 제대로 된 방향으로 공부하고 있어서 감사하다고 느꼈다.

나는 아이의 방과후 스케줄을 짤 때 언제나 함께한다. 엄마가 원하는 교과 수업과 아이가 원하는 수업을 함께 조율해서 맞춰나가야 한다. 엄마가 강요하는 수업으로 아이를 끌고 가려고만 하면 아이의 공부는 효과적일 수 없다. 스스로 시간표를 보고 학교 시간표와 방과후 시간표를 적

절히 잘 짜기 시작하면, 하교 후 남는 시간 동안 어떻게 숙제를 마쳐야 노는 시간이 늘어날지 아이가 직접 고민하고 결정하고 시간 활용을 하게 된다. 시간표를 정확하게 짜서 매일 지키지는 않지만, 직접 어느 정도의 시간 개념을 알고 공부를 하게 되면 공부 시간에 능률적으로 복습을 하게 된다.

보통 대다수의 초등학생 부모님은 아이의 스케줄을 엄마가 대신 짜는 경우가 많다. 학원이나 방과후 수업까지 모든 스케줄은 엄마의 기준 안에서 아이는 이동만 하는 것이다. 작년에 다니던 수학 학원이 못 미더워서 옆집 친구랑 같은 학원으로 옮기거나, 방과후 영어보다는 원어민 과외가 좋다고 해서 영어 어학원으로 다니고 있는 경우도 있다. 어떤 엄마는 아이의 취향은 무시한 채 유행을 따라 국악이나 실용음악 학원에 다니는 경우도 있다.

나는 2017년 서울대에 입학한 김민우 군의 의견에 적극 동감한다. 그런 이동하는 시간조차 아깝고 아이가 재미없어 하는 것에 시간을 허비하지 말기를 바란다. 학교 안에서 방과후 수업으로 복습과 취미활동을 마치고, 귀가해서는 자기주도 학습으로 복습을 하고 실컷 놀게 해주기를 바란다. 이렇게 스스로 시간을 경영하는 방법을 터득하는 것은 아이가 앞으로 헤쳐 나갈 인생의 밑그림을 그리는 훈련이 될 것이다.

3

영어만큼 중요해진
제2외국어 – 방과후 중국어

방과후 중국어는 빠지지 말고 일단 시작하자

나의 아이는 초등학교 입한 후 1학년 가을, 방과후 중국어 시간에 중국어를 처음 접하게 되었다. 아이가 뒤늦게 친구들과 수업을 하게 되어 나는 조심스레 걱정했다. 친구들은 1학기 시작과 함께 중국어를 시작했는데, 나의 아이는 2학기에 시작했으니 너무 진도 차이가 많이 나서 잘 따라갈 수 있을까 염려한 것이다.

아이의 친구가 영어 공부는 안 하면서 방과후 중국어를 먼저 시작했다고 했을 때 나는 내 아이가 아니지만 중국어를 배운다는 것이 부럽고 계속 궁금했다. 가끔 나는 서툰 중국어로 몇 마디 아이에게 묻고, 교재를 읽어달라고 해봤지만, 아이는 인사말도 못 했다. 그러던 와중 내 아이가 2학기에 방과후 중국어 수업을 시작하게 되었고, 내 아이는 그 아이보다 훨씬 더 중국어를 잘하게 되었다.

아이의 공부와 학습 능력은 언제나 복습의 힘이 함께 해야 하는 것이다. 나는 아이가 일주일에 1번씩 중국어 수업을 마치고 오면, 교재를 읽어달라고 요청하고, 단어를 가르쳐달라고 하고, 네가 배워서 엄마에게 중국어를 가르쳐달라고 조르듯이 아이를 추켜 세워줬다.

내가 외고를 입학할 당시 아버지는 내게 중국어를 전공하라고 하셨다. 다가오는 미래에 중국의 성장 가능성을 내다보신 것이다. 그때가 1995년 이었으니 아버지의 말씀은 옳았다. 하지만 나는 배우기 어렵다는 중국어 말고 일본어를 전공해서 그다지 크게 전공을 살리지는 못했다. 그리고 대학을 졸업하던 2002년에 엄청나게 후회하고 말았다.

공항면세점의 판매직에서부터 연봉의 차이가 나는 것이다. 일본 담배 '마일드세븐'의 소속 직원이었던 나의 연봉보다 중국산 고급담배 '中華' (중화)의 직원 급여는 곱절이었다. 게다가 '중화' 직원은 판매를 권장할 필요도 없다. 남아 있는 재고를 진열만 하면 알아서 저절로 팔려나가는 통에 재고 관리만 하니까 업무도 단순하고 너무 쉬웠다. 게다가 매번 판매 인센티브까지 빠지지 않고 더 챙겨가는 직원은 늘 '중화' 소속의 직원이었다.

서울의 명동과 강남 등 이제는 제주도 휴양지까지 우리나라에서도 중국인의 영향력이 미치지 않는 곳이 없다. 그제야 나는 중국인들의 위엄을 느끼고, 중국어를 배우지 못한 것을 한참 후회했다. 그리고 지금은 아이에게 중국어를 권유하고 영어와 함께 제2외국어로 배우게 하고 있다. 중국어는 어순이 영어와 동일하고, 일본어는 한국어와 어순이 동일하여 배우기가 쉽다. 물론 고급 일본어로 올라가면 어려워지는 것은 사실이지만, 기본적 회화 단계까지는 한국어를 하는 우리에게 중국어보다 일본어가 대체로 배우기 쉽다. 이런저런 핑계로 나는 아이에게 내가 못 배운 중국어를 영어와 함께해야 쉽다고 권해 꾸준히 학습을 이어나가고 있다.

아이는 처음 학교 방과후 수업에서 키 크고 날씬하고 아주 교양 있는 예쁜 중국어 선생님과 함께 기초 중국어 배우기를 좋아했다. 다양하고 재밌는 게임과 노래 등을 활용하면서 선생님은 어린 초등학생들이 지루하지 않고 즐겁게 중국어를 배우도록 잘 가르쳐주었다. 그렇게 좋아하는 방과후 중국어 수업이 2학년이 되자 인원 부족으로 폐강되었다. 청천벽력 같은 소식이다.

이후 나는 아이에게 중국어 과외나 학원을 찾고 싶었으나 인근에서는 구하기 너무 어려웠다. 게다가 나는 직장을 다니고 있어서 아이를 학원으로 픽업하고 다닐 시간도 없었다. 그래서 우선은 집에서 아이에게 중국어 영화와 만화 그리고 영상으로 계속 접하게 하고 있었다.

어학은 꾸준한 반복이 답이다. 그 언어의 바다에 풍당 빠뜨려야 하는데, 그럴 수 없는 것이 너무 안타깝고 여기저기 수소문 끝에 나는 빨간펜 도요새 중국어를 찾아냈다.

빨간펜 도요새 중국어 수업은 주5일간 중국어 학습지와 인터넷 강의로 매일 중국어를 20분가량 스스로 공부한다. 그리고 일주일에 한 번씩 중국어 원어민 선생님과 10분간의 화상 수업을 하는 것이다. 이 수업으로 방과후 중국어 수업을 대체 한 것이 벌써 1년이 지나가고 있다. 방과후 중국어 수업이 다시 개강하는 날까지 계속 진행할 예정이다.

아이의 공부는 칭찬과 격려로 지지해주자

그리고 나는 우리 동네 주민센터에서 교양 수업으로 하는 주1회 중국어 회화 수업을 시작했다. 기초 중국어 수업을 시작하면서 나는 일부러 아이에게 복습을 시켜달라면서 발음 교정을 받고 있다. 그리고 내가 하는 기초 중국어 수업 교재를 보여주면서 마치 아이가 선생님인 것처럼 나에게 읽어달라고, 해석해달라고, 가르쳐달라고 조르고 있다. 아이는 귀찮다고 하면서도 매주 수요일이면 내게 "오늘은 엄마 중국어 수업 가는 날이네? 잘 다녀오세요."라고 어른스럽게 인사해준다.

칭찬은 고래도 춤추게 하듯이 아이를 자꾸 격려해주고, 아이의 자존감을 높여주는 것이 아이의 공부근육을 키워주는 일이다. 공부도 근육이 있어야 공부력이 길러지듯이 독해력만이 아이의 공부머리를 키워주는 것이 아니다. 아이에게 칭찬과 격려를 잊지 말고 더해주어야만 한다. 그것이 사소한 어떤 것이든지 좋다. 아이의 중국어 실력이 좋아봤자, 얼마나 잘하겠는가? 솔직히 몇 개월 배운 나보다 못하는 날도 있지만, 무조건 아이에게는 칭찬만이 약이다. 그리고 아이의 학교에 방과후 중국어 수업이 있다면, 영어와 함께 지금 바로 시작하는 것이 좋다. 어학은 해당 언어의 바다에 빠져야만 한다. 영어든, 중국어든, 수시로 아이 귀에 흘려 듣기 해주어야 한다.

아이가 어느 날 아침 CNN을 보다가 한마디 주워듣고 엄청나게 자랑을 하는 날이 있다. 영화를 보다가도 한 단어를 주워듣고 자랑을 하기도 하며, 수업 중 노래자락 하나에도 배웠던 단어나 문장이 나오면 기뻐 날뛰고 있다. 그런 날은 함께 기뻐해주고, 칭찬해주고 아이를 무조건 좋아 날

아가게 해주어야 한다. 그런 작은 기쁨에 아이는 더욱더 열심히 공부하게 된다.

2020년 1월 16일의 〈경북일보〉의 기사 "학교선 일어 · 중국어 선택 수능은 아랍어 로또 열풍" 기사를 보자. 대학수학능력시험에서도 중국어의 영향력이 무시할 수 없는 영역이 되고 있다. 경북교육청의 '2018년 · 2019년 고교 선택과목 편성 현황 자료'에 따르면 2019년도에도 184개 학교 중 일본어 수업을 개설한 학교는 116개교(63%), 중국어는 68개교(36.7%), 독일어 4개교(2.2%), 프랑스어 1개교(0.51%), 아랍어 1개교(0.51%)로 대부분 학교에서 일본어와 중국어를 제2외국어로 선택하고 있는 것으로 나타났다. 일선 교육 현장의 교사들은 "같은 한자 문화권이라 낯설지 않고 앞으로 취업에 쓸모가 많다는 생각 때문에 일어와 중국어 인기가 높다"라고 설명했다.

미래 내 아이가 세계화된 친구를 사귀고 장래 중국이나 영어권 어느 나라에 취직을 하더라도 조금 더 유리할 수 있도록 나는 아이가 중국어 공부를 쉬지 않고 끊임없이 계속하게 할 것이다. 중국은 이미 미국 못지않은 강대국이며, 미국인들조차 중국어를 자녀에게 가르치고 있다는 것을 보면 알 수 있다. 중국어는 영어 못지않게 중요한 외국어이다.

4 예술 감각 키워주는 방과후 수업

방과후 수업으로 시작하는 악기가 있다

학교 방과후 수업으로는 교과 과목만 있는 것이 아니다. 예술과 체육 활동 등의 다양한 과목에 넓게 퍼져 있다. 나의 아이는 방과후 바이올린을 배우고 있다. 내가 사는 동네는 아주 작은 시골동네 같아서 피아노 학원만 있고 그 외의 음악 학원이 없다. 정말 좋은 환경인 것이다. 그래야 학교의 방과후 과목이 더 다양해진다. 학부모들이 사교육으로 빠지지 않고 학교 안의 활동으로 도움을 요청하기 때문이다. 어느 학교는 학부모들의 열화와 같은 성원으로 악기 계열의 방과후 수업이 많은 학교도 있다. 그것은 학교 인근의 학부모들의 취향이며 학군의 차이도 어느 정도 있다. 울산의 H초등학교는 방과후 수업의 과목이 12개가 넘지 않지만, 방과후 피아노, 방과후 바이올린, 방과후 플롯, 방과후 통기타 등 이렇게 음악 수업이 1/3 가까이 차지하고 있다.

어느 학교나 교장 선생님의 취향에 맞게 학교의 운영 스타일이 변하듯이 방과후 학교의 수업도 다양해지거나 축소되기도 한다. 우리 아이의 학교처럼 교장 선생님의 관심이 방과후 수업에 없는 학교는 잘 진행되던 중국어 수업이 폐강되기도 한다. 그리고 방과후 강사의 잦은 교체와 수업의 질이 의심되기도 한다. 방과후 영어 같은 경우는 1년이 안 되었는데도 강사가 교체되기도 했다. 모든 것은 교장 선생님의 재량에 따라 가는 것이 크지만, 그다음으로 큰 영향을 미치는 것은 학부모회이다. 아직까지 전국 방과후 수업의 강사들은 2가지 타입이다. 개인적으로 학교에 취업하거나 방과후 회사에 소속되기도 한다. 개인적인 강사님들은 오해 없길 바라며 이야기한다. 아무래도 회사에 소속된 강사들은 회사라는 울타리 안에서 단체 교육과 자기계발의 시간을 가질 수 있으며, 재계약이나 취업에 대한 염려가 개인 강사보다는 부담이 적다. 그 시간을 아이들의 수업에 더 집중하고 개발할 수 있는 기회가 될 수 있다. 그래서 점점 더 학교와 학부모회에서는 개인적 강사보다 능력 있는 방과후 회사를 찾는 경향이 짙다. 이것은 교육청에 건의하고 싶은 부분이다. 학교와 방과후 수업의 계약 기간이 1년으로 매년 재갱신하면서 개인강사나 방과후 회사나 똑같이 매년 쓸데없는 에너지와 돈을 낭비하고 있다. 굳이 방과후 회사와 방과후 강사만의 문제가 아니다. 학교 행정실의 행정상의 고충과 매년 이런 업무를 반복해야 하는 방과후 담당 부장선생님과 방과후 담당 선생님들, 학부모회의 학부모들까지 어렵게 시간을 내고 서로 협의하고 맞춰야 한다. 수많은 인력과 시간 낭비를 돈으로 환산해보시길 바란다.

　매 학기 이뤄지는 방과후 수업의 학습만족도 조사에서 낮은 점수의 강사만 교체하고, 만족도 낮은 방과후 회사만 교체하면 될 것을 굳이 전체 강사와 전체 방과후 회사를 매년 수시로 교체해야만 하는 이유가 무엇일까? 방과후 수업은 학교 담임 선생님처럼 매년 새로운 선생님을 만나서 새로운 학습을 하는 과목이 아니라는 것을 모르시지 않을 텐데 말이다. 방과후 악기 수업은 1학년에 시작해서 짧으면 2~3년 길게는 초등학교 졸업까지 함께하는 수업이다. 그런 특성을 고려해서라도 학교는 이런 폐단을 고심하고 변경해야 할 것이다.

악기 교육의 좋은 점을 살펴보자

　아이들의 악기 교육은 지능지수를 향상시키고 그 시기에 받은 음악 교육이 뇌의 신경 통로를 연결해 언어 구사 능력까지 뛰어나게 해주며, IQ와 EQ를 높여준다는 연구 결과도 있다. 음악 교육은 아직도 그 중요성에 비해 저평가되고 있다. 부모들과 학교의 선생님들이 어린아이들의 음악 교육에 대해 더 많은 관심을 가지는 것이 중요하다. 음악은 우리 삶에서 빠질 수 없는 아주 중요한 요소이다. 사람의 마음을 움직이고, 위로와 치유를 해주는 순기능을 갖고 있다. 그중에서도 피아노는 우리에게 가장 친숙한 악기이며 비교적 쉽게 접할 수 있는 악기 중 하나이다.

그럼 방과후 피아노를 배우면 좋은 몇 가지 특징을 소개하겠다.

– 효과적인 연습 방법을 습득해서 한 작품의 연주를 완성하기까지 시간과 노력이 많이 필요하다. 이 연단의 과정을 통해서 아이들은 인내심을 기를 수 있다

– 스스로 연주를 하면서 자신감을 가지게 된다. 이것을 통해 나중에 어려운 일들을 이겨낼 수 있는 담대함과 강한 의지, 용기가 생긴다.

– 피아노를 배우는 과정을 통해서 어떤 목표를 설정하고 그 목표를 향해서 포기하지 않고 노력하는 끈기를 배우게 된다.

– 피아노를 연습하는 동안 많은 신체의 근육들이 골고루 사용되며 이로 인해 신체가 조화롭게 발달하게 된다.

– 음악 학습을 통해 창의력이 기르며 자신의 생각과 감정을 음악으로 표현하는 표현력도 길러진다.

– 악보를 읽고 공부하며 연습하고 연주하는 것을 통해 고도의 집중력

을 기를 수 있어 두뇌가 발달된다.

이렇듯이 피아노는 언제나 음악을 듣고 배우는 사람들에게 좋은 영향을 미친다.

방과후 바이올린을 배우면 좋은 이유를 소개하겠다.

- 유럽의 한 연구 결과에 따르면 두뇌 발달에 가장 좋은 영향을 미치는 악기는 바이올린이라고 한다.
- 왼손은 현을 짚고, 오른손은 활을 당기는 활동을 통해 양손을 제각기 다르게 사용함으로 좌뇌와 우뇌가 골고루 발달된다는 것이다.
- 바이올린의 소리가 아이들의 정서 발달에 긍정적인 영향을 미치면서 영리한 아이는 더 명석해지고, 산만한 아이는 집중력과 지구력을 키우는 데 좋다고 한다.
- 바이올린 수업은 다른 학생의 연주 소리를 들으면서 청음 능력도 함께 길러준다.

방과후 플롯 수업의 좋은 점을 소개하겠다.

- 플롯 연주할 때 정교하게 쓰이는 두뇌 활동은 다른 활동을 할 때에

도 똑같이 사용된다. 이 부분은 아이의 수학이나 논리적인 사고력 발달에 큰 영향을 준다.

- 감미로운 플룻 소리는 감성을 풍부하게 해주면서 정서 발달에 도움을 준다.

- 오케스트라 단원 활동을 할 수 있게 되며 같이 소리를 듣고, 소통하는 앙상블 연주는 배려심과 협동심, 사회성을 길러준다

- 플룻은 호흡으로 연주하는 악기이다. 호흡량이 많기 때문에 폐활량과 지구력이 좋아지며 이것은 건강함으로 직결된다.

- 플룻의 가장 큰 장점은 악기의 휴대성이다. 콤팩트한 사이즈로 휴대가 용이하다. 조립식 악기라서 다른 악기에 비해 부피와 무게가 덜하며 장소에 구애받지 않고 편리하게 연주 가능하다.

솔직히 말하자면 내가 아이에게 방과후 바이올린을 가르친 이유는 중학교 진학을 위해서였다. 중학교에 올라가자마자 자유학년제를 맞아 아이가 배우는 음악 수행평가 중에 피아노와 리코더를 제외한 다른 악기 연주가 있다는 정보를 알고 피아노가 아닌 다른 악기를 아이에게 가르치고 싶었던 것이다. 게다가 바이올린을 배우면 좌뇌와 우뇌가 골고루 발달하여 학습적인 뇌 발달에도 도움이 된다니 금상첨화가 아닌가 싶다.

5 배우고 싶은 과목은 방과후 수업으로 배운다

대입은 시대를 따라 언제나 변하고 있다

과거의 우리는 언제나 학교에서 가르치는 과목만 배울 수 있었다. 1990년대 학생이었던 우리에게 과목의 선택권은 없었다. 암기식과 주입식 교육에 익숙한 상태에서 우리는 대학수학능력시험이라는 새로운 시험 스타일에 처음 적용되는 세대이기도 했다.

우리들 이전 세대에서 치러지던 학력고사는 고등학교 과정의 많은 과목별로 문제가 출제되었기 때문에 학생들이 모든 과목을 잘해야 한다는 부담이 컸으며, 교과서를 무조건 암기해야만 하는 문제점이 있었다.

이것을 개선하고 통합적인 사고력을 측정하기 위해 언어 영역, 수리 영역, 외국어 영역, 탐구 영역(사회탐구, 과학탐구, 직업탐구(2004년)), 제2외국어 및 한문 영역(2000년)을 평가하도록 고안되었으며, 1993년에 1994학년도 대입 수험생들을 대상으로 처음 도입되었다. 대학수학능력시험을 처음으로 도입한 해인 1993년에는 8월과 11월 두 번의 시험을 시행하였으나, 2차 시험의 참여율이 저조하고 난이도가 서로 차이나 이듬해부터 오늘날까지 수능시험은 11월에 한 번만 시행하게 되었다. 이런 창의력과 사고력이 깊은 인재를 양성하려는 정부와 교육계의 노력으로 대학수학능력시험은 갈수록 진화하고 있었으며, 다양한 실험도 함께 해왔다.

이제 나의 아이가 마주하게 될 수능과 대입전형은 어떻게 변하는지 한번 살펴보자. 〈에듀진〉의 "[학종 절대법칙] 선택과목이 학종 당락 좌우한다." 기사에서는 2025년부터 전면 도입되는 '고교학점제'에 대해서 이야기한다. 고교학점제란 고등학생들이 적성과 희망 진로에 따라 필요한 과목을 스스로 선택해서 배우고 기준 학점을 채우면 졸업을 인정받는 제도이다.

그 일환으로 2019학년도 고2부터는 자신의 진로에 맞는 과목을 선택해서 배우게 되었다. 학생부 종합전형에서는 희망 진로와 적성에 맞춰 자기주도적으로 학습하는 학생을 높이 평가한다. 이전처럼 성적이 잘 나오는 과목만을 선택해서 공부했다가는 낭패를 볼 수도 있다. 자신이 지원하는 전공과 관계 깊은 과목이라면 반드시 수강을 해야만 한다.

현재 2015 개정 교육 과정에서는 문과 이과 구분 없이 공통과목을 배운다. 사회와 과학을 필수과목으로 지정해 모든 학생이 인문, 사회, 과학에 대한 기본 소양을 갖추도록 한 것이다. 또한 고교 학생들에게 각자의 적성과 진로에 따라 다양한 교과를 선택하고, 관련 전문 교과 등을 배울 수 있게 하고 있다. 1학년 때 '공통과목'을 이수한 뒤에 2, 3학년이 되면 문과 이과 구분 없이 진로와 적성에 따라 진로선택 과목 3개 이상 이수해야 한다.

공통과목은 고1때 이수하는 과목으로 문이과 구분 없이 모든 고등학생이 배우는 7과목의 수업이다. 선택과목은 '일반선택'과 '진로선택'으로 나누어진다. 일반선택은 현재와 똑같이 상대평가+성취평가로, 진로선택 과목은 성취평가만으로 성적을 낸다. 상대평가는 성적을 백분위에 따라 9개 등급으로 나누는 9등급제로 실시한다. 상위 4%는 1등급, 상위 11%까지는 2등급이 되는 식이다.

반면 성취평가는 학생의 성취 수준을 A~E까지 5개 등급으로 구분하는 절대평가이다. 100점 만점에 90점 이상을 받으면 A를 80~89점까지는 B를 주는 식이다. 여기서 주목할 것은 진로선택 과목에 대한 평가가 절대적인 성취평가 방식으로 이뤄진다는 것이다.

현재 고교 내신성적은 전 과목을 상대평가+성취평가로 반영하고 있어서 성적 줄 세우기가 가능했다. 하지만 앞으로 모든 성적이 절대평가가 된다면 성적을 서열화하기 어렵고, 동점자가 많아서 내신성적으로 학생의 변별력을 판별하기 어려워진다. 이렇듯 뉴스에서 접한 것처럼 진로선택 과목은 변별력이 낮은 성적 반영을 최소화하고 자신의 진로에 맞는 과목을 선택해서 얼마나 성실하고 적극적으로 수강했는지의 여부가 평가에 중요하게 반영될 것이다. 어떤 과목을 선택했는지가 학생부 종합전형평가에 영향을 줄 것임은 틀림없는 사실이다. 따라서 지원 전공과 연계된 과목은 필수로 선택해 수업 활동에 최선을 다하는 것이 학생부종합전형은 물론이고 대입 이후를 대비하는 가장 현명한 방법이다.

고교학점제 이렇게 활용해보자

학생마다 다양한 기준에 따라 선택이 이루어질 것인데, 내신성적이 유리한 과목, 수능에 도움이 되는 과목, 수업 부담이 적은 과목, 친한 친구와 함께 수업을 받을 수 있는 과목 등을 고려하는 학생이 있을 수 있다.

어떤 학생은 진로 · 진학 목표가 뚜렷하지 않아서 선택에 어려움이 많을 수도 있다. 뚜렷한 목표 의식이 부족한 학생은 현재의 상태에서 자신의 여건과 환경을 고려하고 담임 선생님, 진로와 진학을 담당하는 선생님, 교과 선생님 등을 통해 상담하고 고민하면 선택의 실마리를 풀어갈 수 있다.

자신이 생각하는 진로가 있는 학생이라면 어떤 과목 선택을 하는 것이 좋을지 생각해보자. 교과 성적은 학기 단위로 처리되기 때문에 학기를 기준으로 선택을 변경할 수도 있지만, 학기 단위, 학년 단위, 2개 학기 이상의 학기로 편성할 수도 있다. 이런 경우 학년 단위로 선택과목을 변경하면 된다.

여러 자료에서 대학의 학과 정보와 고등학교 선택과목과의 연계성을 확인할 수 있는데 그 학과와 연계된 과목을 이수하는 것이 필요하다. 가령 기자가 되고 싶다면, 취재, 편집, 카메라 등 다양한 역할이 있고, 정치, 외교, 국방, 의료, 사회, 문화, 교육 등 기자가 담당해야 할 분야도 다양하다. 그렇다면 이 학생이 선택하게 될 사회 과목은 경제, 정치와 법, 사회 · 문화, 동아시아사, 세계사, 한국지리, 세계지리, 여행 지리 등이 될 수 있다. 국어 교과에서는 화법과 작문, 독서, 언어와 매체, 문학, 수학 교과에서는 수학 I, 수학 II, 확률과 통계, 영어 교과에서는 영어 회화, 영어 I, 영어 독해와 작문, 영어 II 정도를 선택할 수 있을 것이다. 만약, 공대를 가려는 학생이라면 특히 물리학은 꼭 학습하는 것이 좋다.

흔히 학생부종합전형에서는 스토리가 있어야 한다고 말한다. 이 말은 자신이 생각하는 진로 목표, 대학 학과를 고려할 때 관련 전공 적합성의 능력을 얼마나 잘 길렀느냐는 의미이다. 다만 단순히 대학의 전공과 고등학교의 교과목을 같게 하면 좋은 평가를 받는 것으로 생각할 수도 있지만, 대학의 전공과 연계해서는 폭넓게 교과목을 선택하는 것이 바람직하다. 여러 상황에 따라 자신이 꼭 선택하여 이수하고 싶은 과목인데도 자신이 다니는 학교에는 선택의 기회가 없을 때도 있다. 이럴 때는 어떤 다른 방법이 없을지를 생각해야 한다.

인근 학교에서 개설된 과목을 이수하는 방법(거점형 선택 교육 과정, 연합형 선택 교육 과정, 온라인 이수 등)도 생각할 수 있다. 서울특별시 교육청에서 운영하는 거점형 선택 교육 과정은 학교 간 협력 교육 과정 온라인시스템(http://www.sen.go.kr/collacampus/)에 접속하면 다양한 정보를 얻을 수 있다. 주중, 주말, 방학 기간 등을 활용하여 운영하고 있다.

그리고 또 하나의 비법을 알려주려고 한다. 자신이 다니는 학교에 방과후 수업이 자율적인 선택형 방과후 학교가 아니라면 학교에 다니는 학생들이 직접 학생회를 통해 건의하고, 학부모님들은 학부모회 등을 통하여 학교에 선택형 방과후 학교 운영을 요구해야 한다.

선택형 수강 신청제도는 수준별로 수업을 개강하여 학생들이 원하는 수업을 들을 수 있도록 운영된다. 수업 후 복습을 위해 스스로 원하는 자율학습시간에 수업이 배치된다.

원하는 학생들끼리 스터디그룹을 개설할 수 있으며, 특정 시간에 모여 부족한 부분을 인터넷 강의를 통해 보충하거나 유료 강의인 경우는 학교에서 일정 부분 지원도 가능하다.(학교마다 상황이 다르니 확인이 필요하지만 경우에 따라서는 학교에서 100% 지원이 가능하다.) 학생과 학부모에게 참가와 불참을 묻는 신청서가 배부되며 이후 의견을 수렴하여 개설된다.

학생부종합전형 시대를 맞이하여 방과후 학교는 공교육의 새로운 대안으로 떠오르고 있다. 하지만 몇몇 학교들은 일괄적으로 교과 과목을 편성해서 정규 수업 이후 수업을 하는 보충 수업의 개념으로만 활용을 한다. 선택형 방과후 학교는 학생 수요와 공급을 맞춰야 하는 조정 작업으로 추가 업무가 발생되며, 학생 선택에 따른 교사의 희비가 엇갈리고 다수의 프로그램 개설로 인한 교실 부족 등의 문제를 안고 있다.

하지만 선택형 방과후 학교는 학생별로 부족하고 필요한 과목을 보충하여 자신의 성적을 올릴 수 있으며, 학생부종합전형의 기재 내용이 풍성해진다는 장점이 있다. 학생이 배우고 싶은 과목은 방과후 학교에서 더 채울 수 있다. 학교에 방과후 수업으로 신설 강좌를 신청하라.

6

방과후 캠프에
빠지지 마라

청소년 방과후 아카데미에서는 정기적인 방과후 캠프를 한다

캠프의 사전적 의미는 휴양이나 훈련 따위를 위하여 야외에서 천막을 치고 일시적으로 하는 생활 또는 그런 생활을 하는 곳이라고 한다. 최근 사용하는 단어, 캠프에는 다양한 의미가 포함되어 있지만, 주로 군대에서 많이 활용하는 단어이다. '기민하게 움직이며 상대를 물리치는 데 필요한 진지'라는 뜻이다. 그렇지만 요즘은 재미있게 노는 야외 활동으로 더 많이 사용되고 있다. 그렇게 통용되다 보니 학교에서 진행하는 캠프 행사는 학부모나 학생들 모두 좋아하는 특별 활동 중 하나이다. 그중에서도 나는 방과후 캠프에 대해 안내하려고 한다. 방과후 캠프는 학교에서 진행되는 행사와 청소년 방과후 아카데미에서 진행되는 캠프 등으로 주최하는 단체의 성향에 따라 목표와 진행 방법이 달라진다.

'청소년 방과후 아카데미'는 방과후 돌봄이 필요한 지역 청소년(초등 고학년과 중학생)을 평상시 교과 학습, 숙제 지도 등의 학습 지원 활동, 진로, 창의융합 체험 활동, 주말 체험 활동 등을 함께하는 국가정책 지원 사업이다. 저녁 식사와 등원과 귀가 차량까지 제공되며 교육비는 무료이다. 그리고 여름과 겨울 등에는 계절별, 지역별로 특별한 방과후 캠프도 운영 중이다. 경주시 화랑마을에서 청소년 방과후 아카데미를 운영했다. 여름방학을 맞아 1박 2일로 운영되는 프로그램에 참여하는 청소년들은 아이스 브레이킹을 비롯해서 편아처리 서바이벌(양궁 서바이벌게임), 국 궁체험, 4D 슈퍼프레임, 물놀이 체험, 황리단길 탐방, 경주 야경 탐방 사진 콘테스트 등 다양한 활동을 펼침으로써, 건강하고 뜻깊은 여름을 보 낸다.

경북 울진군 북부 청소년 방과후 아카데미는 최근 지역 청소년 55명을 대상으로 여름캠프 '울진에서 놀자'를 진행했다. 울진국립해양과학관 관 람을 시작으로 대한민국의 국보제 242호로 지정된 봉평 신라비 전시관 관람, 엑스포공원의 목공예 및 머그컵 만들기 체험, 블루베리 잼 만들기 체험 등으로 울진에서 즐길 수 있는 체험 활동이 포함되어 있다.

내가 경험한 유익했던 초등학교 방과후 캠프

학교에서 진행되는 방과후 학교의 방과후 캠프도 마찬가지로 계절별 혹은 학교의 의뢰를 받아 학기 중에 진행된다. 학기 중 방과후 캠프는 주로 학부모와 함께하는 행사가 많아서 대다수 주말에 이뤄진다.

우리 방과후 회사에서 진행했던 2019 '아빠와 함께하는 코딩 캠프'는 학기 중 토요일 부모와 함께 진행된 행사로 D초등학교의 의뢰로 시작된 행사였다. 초등학교에서 소프트웨어 교육이 필수가 됨에 따라 아빠와 혹은 부모님과 함께 소프트웨어 교육을 체험해볼 수 있도록 캠프를 운영했다. 이런 소프트웨어 교육을 처음 접해보는 부모님들도 부담 없이 참여할 수 있도록 쉽고 재미있는 주제로 아빠와 자녀, 2인 1조로 수업은 진행되었다. 4차 산업혁명 시대에 생활의 일부가 된 로봇과 소프트웨어 코딩에 관한 간단한 이론 설명을 거치고 일반인에게 친숙한 레고를 활용해 로봇을 만들었다.

코딩에 센서를 결합하여 실생활에 필요한 재미있는 사물들을 만들고 체험하는 사물 인터넷 코딩도 경험해보았으며, 프로그래밍을 통해 만든 로봇으로 미로찾기 게임과 배틀을 해보기도 하는 즐거운 시간이었다. 같은 재미와 공감을 나누며 시간을 보낸 것이 부모님에게도, 아이에게도 잊지 못할 추억이 되었다고 좋은 후기를 많이 들었다.

그 외 가장 흔한 캠프는 방과후 영어 캠프이다. 우리 방과후 회사에는 다른 T초등학교의 의뢰로 여름방학 중 코딩과 영어가 결합된 글로벌 학습 프로그램으로 코딩영어 캠프를 일주일간 진행했다. 반 편성은 기존 방과후 영어 수업을 우리 영어 선생님이 수업 중이어서 레벨 테스트를 거쳐 미리 구분해두었다.

캠프 기간에 영어로 원어민과 소통하며 소프트웨어 코딩의 이해와 언플러그드 활동을 함께 했다. 즐겁게 코딩에 대한 이해를 높이고 코딩봇을 활용한 로봇코딩 체험, 코딩으로 로봇 조종하기 등의 코딩에 흥미를 가질 수 있는 캠프를 진행했다. 캠프가 끝나는 마지막 수업에는 참가한 학생들에게 인증서를 수여하여 학생들의 자신감까지 높이 올려주는 기회가 되었다.

이런 각 학교와 지역에서 진행되는 방과후 캠프는 하나도 무익한 수업이 없다. 찾아보고 뒤져보고 아이에게 유익하고 도움이 되는 방과후 캠프에 무조건 열심히 참여하길 바란다.

7 직접 구상하고 스스로 만드는 로봇과학

로봇과학 수업은 방과후뿐 아니라 문화센터에서도 시작할 수 있다

이탈리아의 교육학자인 몬테소리는 "손은 인간에게 주어진 보물 같은 기관이며, 소근육이 발달되는 생후 18개월~만 3세까지는 손 사용에 대한 민감기이다."라고 말했다. 손을 사용하는 경험을 통해 아이들의 지능이 발달하기 때문이다. 실제로 소근육 운동 능력과 IQ가 상관 관계가 있다고 입증되었으며, 손기술을 얼마나 잘 사용하느냐에 따라 나중의 지능지수와도 연관이 있다고 한다. 이런 소근육이 발달하게 되면서 스스로 조작하는 능력이 생기고, 이로 인해 자신감과 성취감을 느낀다. 이것은 아이들의 긍정적인 자아 형성에도 도움이 된다. 그래서 나는 첫아이가 유치원에 다닐 때부터 문화센터의 종이접기 수업을 정기적으로 다니고 있었다. 종이접기는 아이의 소근육 발달과 더불어 뇌지능 발달까지 얻을 수 있는 유익한 수업이기 때문이다. 발레를 시켜달라고 하던 그 시점부터 아이는 종이접기를 함께했다.

이후 나는 아이가 7살이 되던 시기에 종이접기가 아닌 로봇과학 수업으로 과목을 변경했다. 로봇 수업은 아이가 스스로 조립하고 나사와 볼트를 조이고 풀면서 손을 가장 많이 사용하는 수업이라고 들었다. 직접 로봇을 구상하고 만들어 완성하는 성취감을 키우는 데도 좋다. 이렇게 로봇교실은 언제나 남자들에게 인기가 많은 수업이라 늘 조기 마감을 하는 과목 중 하나이다. 학교에 들어가기 전 문화센터에서 로봇과학 수업을 하던 아이는 학교에 들어가서 방과후 로봇교실에 신청했지만, 접수 과정에서 떨어지고 말았다. 로봇 수업은 자신이 만든 로봇으로 친구들과 함께 축구경기나 대전을 할 수 있고 아이들이 유독 애착을 갖는 시간이다. 자신이 직접 만든 로봇을 가져와서 한껏 뽐내기 하는 친구들도 많다. 로봇 수업을 하는 친구들은 보통 몇 년씩 하는 경우가 많으며 다음 단계인 코딩까지 직접 하면서 로봇을 만들기도 한다.

아이들은 각자의 자리에서 로봇을 조립하며 만드는 아이, 코딩하는 아이, 로봇이 완성되어 배틀하는 아이 등 스스로 자신의 일을 하고 있다.

배틀을 하는 시간은 아이들이 로봇을 테스트해볼 수 있는 시간이라 단순히 게임보다는 조작과 테스트의 시간도 겸해진다. 자신이 만든 로봇을 좌우, 전후로 움직이며 테스트해보는 것이 필요한데, 이 시간이 바로 그 시간이다. 이런 피드백이 있어야 점차 로봇을 만들어갈 때 어떤 부분을 보완할지 알게 된다. 스스로 로봇 조립을 완성 후 결과물을 게임이란 방법을 통해 값을 산출해보는 것을 아이들은 놀이로 받아들이지만 로봇에게 보완하거나 더 필요한 부분을 자신도 모르게 캐치할 수 있게 된다.

창의 로봇은 미래성장 분야로 우리나라 업계뿐 아니라 세계에서도 주목받고 있다. 아이들이 직접 손으로 만들고 조종하는 로봇, 컴퓨터 없이 가능한 프로그래밍과 쉽게 분해하고 조립하는 리벳 구조로 저학년부터 고학년까지 모두 재밌게 배우는 수업이다.

로봇 수업은 단순히 조립만 하는 것이 아니라 원리와 구조를 이해하면서 직접 구상하고 스스로 만들어가는 수업이며, 전국 방과후 로봇대회가 개최되어 경력과 경험을 만들어주고 있으니 더욱 좋은 방과후 수업이다.

대한민국의 유능한 로봇 제작 실력은 전 세계가 알아줄 정도로 유명하다. 해마다 열리는 국제 로봇 올림피아드에서 우리나라의 수상 실적이 그 실력을 매년 증명하고 있기 때문이다.

2018년 12월 17일 〈경향신문〉에는 "24개국 청소년, 대구에서 국제로봇 올림피아드 유치하다"라는 제목으로 이런 내용의 기사가 나왔다. "대구 엑스코에서 세계 최대 규모의 청소년 로봇경진대회 '2020 국제로봇올림 피아드(International Robot Olympiad)'가 열린다. 5일간에 걸쳐 초등부 인 주니어리그와 중학교 이상 챌린지리그에서 13개 종목·26개 부문으로 진행되며, 행사기간 세계 24개국 선수와 가족, 지도자 등 1500여명이 대구를 찾을 것으로 예상된다."

기사에 의하면 이승호 대구시 경제부시장은 이렇게 말했다.

"국제로봇올림피아드는 대규모 선수단 입국에 따른 지역경제 파급효 과뿐만 아니라 로봇도시 대구의 위상을 전 세계에 알릴 수 있는 절호의 기회가 될 것이다."

빨리 꿈을 찾은 아이는 목표를 향해 달려가는 길이 명확하다

로봇으로 대학을 간 한도형 군의 이야기를 들어보자.

어린 시절 일찌감치 로봇의 매력을 발견한 한도형 군은 초등학교 6학 년 때 처음으로 로봇올림피아드 대회에 출전하며, 로봇에 대한 열정을 드러냈다. 이후 중·고등학생 때까지 각종 로봇 관련 대회를 참가하며 프로그래밍 경험을 쌓아온 도형 군은 로봇공학자의 꿈을 갖게 되었다. 도형군은 여러 대회에 참가하면서 광운대학교 동아리 '로빛'을 알게 되었고, 그의 목표는 '광운대학교 로봇학부 진학, 로빛 입단'이 되었다.

이후 분명한 진로 설계를 바탕으로 한 학생부종합전형을 준비하기 시작했다. 중학생 때까지 학습한 지식을 바탕으로 고등학교 탐구 활동에서 두각을 나타냈다. 1학년 때는 물리 동아리 활동을 통해 화학 교과 시간에 배운 다이아몬드 결정 구조를 건축 분야에 적용했다. 교내 소논문대회에 논문을 제출한 결과, 최우수상을 차지했다. 2학년에 올라와서는 지구과학 교과의 미세먼지 분야를 학습한 뒤 드론을 이용해 대기별 미세먼지를 측정했으며, 로봇동아리 부장을 맡으면서 개미의 보행 구조를 적용한 로봇을 제작하기도 했다.

내신 관리도 게을리 하지 않았다. 고등학교에 처음 진학해 치른 중간고사에서 기대에 못 미치는 성적표를 받고, 공부법에 대한 고민을 거듭하며 자신만의 방법을 찾아냈다. 일주일에 3~4일은 학원에 갈 정도로 많은 학원에 다니다 보니 국어, 영어, 수학 같은 주요 교과목에 대한 자습시간이 부족하다는 것을 느꼈다. 복습이 이루어지지 않은 것이다. 이후 대부분의 학습 시간을 복습 위주로 갖되, 주 1~2회 학원을 통해 실력을 점검하고 피드백을 받기로 했다.

특히 혼자 하는 공부가 아닌 친구들과의 공부에서 많은 힘을 얻었다. 가장 어려움을 겪었던 국어·문학 과목은 친구들과 함께 그룹을 만들어 공부했다. 일주일 단위로 주요 문학 작품과 문법 등을 조사한 뒤, 핵심 내용, 출제 방식 등을 공유하며 토론을 진행했다. 이후 쪽지시험을 보고 최하위 성적을 기록한 친구가 간식을 사는 식으로 재미있게 공부를 이어 나갔다.

물리의 경우 개념 다지기부터 시작했다. 공식을 암기하고 문제에 대입해 빠르게 해결해야 했지만, 어떤 공식을 적용해야 하는지부터 난관이었다. 이에 물리 동아리 친구들과 간단한 실험을 진행하며 공식을 이해하고, 친구들과 각자의 문제풀이 방법을 공유함으로써 물리 공식에 대한 이해도를 높였다. 어느 정도 개념이 잡히면 공식의 진행 과정을 처음부터 끝까지 노트에 기록해가며 체득했다.

수학에서는 개념 수첩을 적극 활용했다. 수많은 개념과 공식의 빠른 암기를 위해서 개념을 수첩에 따로 기록해, 평상시 휴대하며 개념 암기에 집중했다. 또한 2권의 오답노트를 만들었다. 한 권은 실수로 틀린 문제를 정리하고, 두 번째 노트는 다시 풀었는데도 틀린 문제를 정리했다.

완전히 익히지 못한 유형만을 파악해 반복적으로 학습한 것이다.

이렇듯 오랜 시간 꿈을 향해 달려온 한도형 군은 지금도 로봇공학자라는 목표를 그리며 나아가고 있다. 힘든 입시 생활을 거쳐 광운대 로봇학부에 입학을 성공한 것이다. 가장 행복한 것은 무엇보다 로빛 활동을 통해 목표에 다가서고 있다는 설명이다. 로빛은 정식 단원 자격을 얻는 데만 6개월의 시간이 소요된다. 까다로운 테스트 과정을 수차례 거쳐야 하는 만큼 로봇에 대한 열정이 남다른 단원들만이 입단이 허락된다.

현재 한도형 군은 로빛 단원들과 10월 본선이 개최되는 '2020 국제로봇콘테스트' 예선 참가 등 각종 대회 준비를 위해 구슬땀을 흘리고 있다.

한도형 군은 어릴 적부터 본인의 적성과 장래 희망을 일찍 깨달은 타입이다. 그리고 부모의 적극적인 지원까지 함께 어우러진 성공 사례이다. 아이가 로봇이나 만지고 공부를 게을리한다고 아이를 탓하거나 로봇을 뺏어버린 부모님이 아니었다.

아이가 좋아하는 로봇으로 공부에 도움이 되고 대학과 이후 장래까지 함께 그려준 부모의 응원과 지지를 받아 아이는 자기주도학습을 시작하고 명확한 목표에 다가갈 수 있도록 수많은 노력을 했다.

로봇 수업은 아이들에게 여러모로 유익한 수업이 된다. 어려서는 소근육 발달을 위해 종이접기 등의 수업으로 시작하지만, 유치원생 정도 되면 아이에게 손을 적극 활용하고 지능 발달에도 큰 도움이 되는 로봇 수업을 받게 하자.

학교에 입학한 후라면 꼭 방과후 수업으로 로봇 수업을 하게 해주자. 남학생뿐만 아니라 여학생에게도 로봇 수업은 창의성과 집중력을 키워주는 가장 유익한 방과후 수업 중 하나이다.

8

고등학교에서도
방과후 수업은 계속된다

고등학교 방과후 수업은 빠지지 말자

우리 아이들은 고등학교에 진학해서도 방과후 수업을 계속한다. 더 열심히 하고 있다. 방과후 수업을 해야 하는 이유는 학생부종합전형을 생각하는 학생이라면 필수이기 때문이다. 고등학교에서 이뤄지는 방과후 수업은 거의 수능, 논술, 면접을 다루고 있다. 예체능도 방과후 학교에 과목이 있다면 열심히 참가해야 한다.

학생부종합전형은 학교생활에 기반을 둔다. 방과후 수업은 정규 수업과 함께 고등학교에서 이뤄지는 중요한 교과 활동 중의 하나다. 그래서

4장 방과후 수업 200% 활용하는 법 223

방과후 수업에 참여하지 않았다는 것은 학교생활을 불성실하게 했다는 의미로 해석될 수도 있다.

방과후 학교는 학생이 수강하겠다는 신청자가 없으면 개설되지 않는다. 철저하게 학생 중심으로 운영되는, 공교육의 유익한 프로그램이다. 학생 자신의 소질과 적성, 진로에 따른 개인 역량 계발을 방과후 학교를 통해서 이뤄낼 수 있다.

보통 학생부종합전형으로 합격한 학생들의 사례를 살펴보면 학생들의 요구로 인해 방과후 수업이 개설되었다는 이야기가 심심찮게 나온다. 싫지만 어쩔 수 없이 참가해야 하는 정규 수업 말고 방과후 수업은 학생들의 선택에 따라 참여하기 때문에 자신의 관심 분야나 진로에 맞춰서 수업을 듣게 되면 전공학과에 대한 관심과 열정을 드러내기에 좋다. 선생님들은 '행동 특성 및 종합의견'에 방과후 학교 활동을 기재해준다, 대학교 입학 사정관들이 이것을 유심히 보기 때문이다.

– 비강남 고등학교 방과후 학교 모델 : 서울 한영고

한영고는 2020년 대학입시에서 서울대 6명을 비롯해서 의예, 치의예, 수의예 14명, 이공계특성화대학 6명, 연세대와 고려대에 14명과 19명의 합격자를 배출했다. 이외에도 서울권 안의 여러 명문 대학교에 200명이 넘는 학생이 합격했다. 한영고는 2019학년도 대입에서 서울대 수시 합격자가 14명으로 수시 모집 일반고 전국 최고(1위)성적을 기록했다.

방과후 학교는 수시 실적의 중심으로 평가받는다. 한영고의 방과후 수업은 연간 누적된 수를 기준으로 872개 강좌를 20,411명이 수강했다. 수업은 수준별 수업이 가능해서 일반반, 심화반에 서울시교육청이 지정한 영재반으로 구분된다.

소수의 수업을 추구하는 영재반의 인기가 많은 편이지만, 일반 방과후 비교과 영역에서 선호도와 만족도가 높았다. 영화를 감상하며 영화 속에 담긴 철학적 주제를 토론하는 '영화와 철학반' 각 국가의 정치/경제/사회/문화에 대한 연구와 발표 등의 세미나를 여는 '믹싱 맨큐 국제세미나 수업', 유엔 새천년 개발 목표를 주제로 한 '토론토의학습 및 제안서 제작반' 등이 사교육에서 쉽게 접할 수 없으며 대입 수시에 도움이 되는 수업이어서 선호도가 높다고 한다.

한영고 방과후 수업은 학생 18명 이상이 팀을 이뤄 지도 선생님에게 강의를 요청하는 '주문형 방과후'와 교사가 개설한 강좌를 수강하는 '신청형 방과후'로 유형으로 나뉜다. 신청형 수업은 지도 교사가 학생들이 희망하는 수업의 내용을 파악하고 강의계획서를 방과후 담당 교사에게 제출하면 수합해서 안내 책자를 제본, 각 교실에 배부하는 방식으로 진행된다. 학생은 맘에 드는 수업을 골라뒀다가 방과후 자율 시스템에서 자율수강 신청을 한다.

영재반과 비교과 특강을 제외하고 모든 수업은 한영고 교사들이 직접 진행하며, 교재도 모두 자체 제작 교재를 사용한다. '공교육 정상화 촉진 및 선행교육 규제에 관한 특별법'에 따라서 교과 수업은 복습과 심화 과정으로 재편집하고 있다.

— 광주 광덕고등학교 방과후 학교

광덕고등학교의 무학년 자율 동아리는 학년 구분 없이 학생들이 주도적으로 자율적으로 동아리를 구성하는 학생 중심 동아리 활동이다. 현재 94개의 학교내 자율 동아리가 존재한다. 과학 탐구, 예체능 예술 동아리 등 다채롭다. 학년 구분없이 자율 동아리가 구성 될 수 있다는 것은 교내 선후배간 교류가 돈독하다는 뜻이다.

주제 중심 선택 수업은 학생 맞춤형 보충 수업으로 프로젝트 수업으로 진행된다. 교과목 교사들은 과목별 심화 과정을 주제별로 공개하고 학생들은 자신의 진로와 적성에 맞춰서 과목별 수업을 듣도록 선택권을 학생에게 주는 것이다. 학생 입장에서 본인의 진로에 맞는 수업을 선택해서 듣기 때문에 교육 효과는 훨씬 좋다. 토요 방과후 다빈치 프로젝트는 '다빈치 코드'의 창의성에 기반을 둔 방과후 학교로서, 각 과목별 심화연구반, 방과후 동아리 활동 등을 하고 있다. SW부서에서는 드론 만들기, 알고리즘을 통한 문제 해결법, 3D프린팅 등의 실제 수업에서 이뤄지는 다양한 방과후 활동을 선보이며 학생들에게 양질의 체험을 제공한다.

  – 실력이 증명된 학교, 신성고 방과후 수업

2020년 신성고의 의대와 연세대 합격자가 증가하였다. 대단한 입시 실적이다. 성남외고, 안양외고, 경기외고, 과천외고 등의 특목고가 주변에 있지만 전혀 밀리지 않으면서 실력 있는 학교로 손꼽히고 있다.

신성고의 교육 프로그램은 교과 교실제, 수준별 수업, 방과후 학습, 명사 초청강연, 독서 논술지도, 창의적 체험 활동 등의 대다수 명문고의 프로그램과 별반 다르지 않다. 그러나 학생들에게 최상의 교육을 제공하기 위해서 대학입시의 달인인 교사들과 더불어 외부 초청 강사진까지 전국에서 최고로 검증된 강사만을 초빙해 수업을 하고 있다. 올해는 학생들의 강력한 요청으로 방과후 학교 수업을 시작했다고 한다.

잘나가는 고등학교는 방과후 수업에 집중한다

이렇듯이 강남권이 아닌 비강남의 고등학교에서는 상위권 학생들의 대입을 위해 방과후 학교에 집중하고 있다.

내가 고등학교를 다니던 시절에는 방과후 학교가 없었다. 우리는 야간 자율학습과 보충 수업이라는 명목의 심화반이 있었다. 심화반이라고 해서 친구들에게 따가운 눈총 받아가며 다른 교실로 이동하거나 그 교실의 친구를 다른 반으로 보내야만 했다. 보충 수업-심화반의 과목은 주로 국영수와 논술대비반이었다. 심화반 수업이 마치면 야간자율학습을 위해 본 교실로 이동하고, 야자가 마친 9시 이후는 학교 앞 독서실로 다시 출근 도장을 찍으러 갔다. 독서실에서 12시 혹은 새벽 1시에 독서실 차량을 타고 귀가했었다.

시험은 자고로 벼락치기가 맛이라는 친구 중의 하나가 '나'였었다. 평소 잠이 많은 나는 매일 꾸준한 예습, 복습을 잘하는 편이 아니었다. 수업시간에 잘 집중하고 깨끗하게 정리된 수업 내용을 남기는 스타일이었다. 그래서 나는 자주 벼락치기 시험공부를 했고, 그에 비해 성적이 잘 나오는 편이었다. 하지만 이런 벼락치기 스타일의 공부는 오래 쌓은 경험과 축적된 지식을 기반으로 하는 수능에서는 통하지 않았다.

내가 다니던 그 당시 방과후 학교가 있었다면 나는 혼자만의 공부로 벼락치기만 하는 학생은 안 되었을 것이다. 매일 방과후 학교에서 복습을 할 수 있었을 테니, 나의 수능 점수도 훨씬 상위권이고 서울대도 가지 않았을까 상상을 해본다.

우리 아이가 중·고등학생이 되었다고 방과후 학교를 놓치고 학원에 보낼 필요는 없다. 학교 안에서의 방과후 수업도 학원만큼 충분히 능력 있는 해당 과목의 전공 강사가 수업을 하기 때문이다. 혹은 해당 학교의 전문 교사가 수업을 진행하게 되어 있다. 앞서 소개한 일부 고등학교처럼 가장 유명하고 능력 있는 전공 강사를 영입하는 학교도 있으니, 염려하지 말고 방과후 학교에서 충분히 매일 복습의 힘을 길러주자.

5 장

방과후 수업으로도

SKY대학

갈 수 있다

1

공부하는 이유를 알면 공부가 재미있다

아이의 재능 발견에는 부모의 역할이 크다

괴테를 만든 것은 그의 부모님이었다. 그의 아버지는 아들을 위해 문학, 예술, 종교 등의 주요 인문 분야에 개인 교사를 구해서 아들을 교육시켰다. 어머니는 매일 밤 자기 전에 전래동요를 불러주었다. 그리고 이야기를 들려주면서 아이에게 결말을 알려주지 않고 상상하도록 했다. 지금까지 들려준 이야기를 토대로 아들이 뒷부분을 직접 완성하게 했다.

괴테의 어머니 이야기는 상상성과 창의력을 키워주는 좋은 모델로 자주 활용된다.

괴테는 어린 시절을 회상하며 이렇게 말했다.

"나의 문학은 어머니가 들려준 이야기로부터 창조되었다."

이런 교육 환경 덕분인지 괴테는 8살에 6개 국어를 구사할 수 있었다. 그리고 10살에 호메로스, 베르길리우스, 오비디우스 등 고대 그리스와 로마 작가들의 작품을 읽었다. 그리고 『젊은 베르테르의 슬픔』, 『파우스트』 등의 불멸의 문학 작품을 남겼다. 하지만 그는 인성적인 문제가 있었다. 그는 부모와 친인척에게 지극히 무관심했다고 한다. 자신의 지적인 욕구를 채우기 위한 여행은 다녔지만 장성한 뒤에 어머니를 거의 찾아가지 않았다고 한다. 심지어 괴테의 어머니는 죽기 전 11년간 아들을 만나보지 못했다고 한다.

이런 괴테의 모습을 보며 자라난 괴테의 아들은 어떻게 되었을까? 괴테는 자신이 부모에게 받은 교육처럼 자신의 아들 교육에 열성적이었다. 하지만 아들의 수준은 기대에 한참 모자랐다. 41살이 되어서야 아버지의 뜻에 따라 이탈리아로 떠났다. 괴테는 자신이 이탈리아 여행에서 지적인 영감을 받아 문학적으로 다시 태어난 경험이 있었으며, 자신의 아들도 그렇게 지적인 영감을 받길 바랐지만 그의 아들은 알코올 중독에서 벗어나지 못하고 귀국 중 숨을 거두었다.

이런 결말을 맞이한 이유가 무엇일까? 바로 괴테가 아버지다운 역할을 못 했기 때문이다. 아무리 천재였던 괴테라고 해도 아들의 행복한 삶을 만들어주지는 못했다. 그의 아들은 괴테의 명성에 주눅 든 나머지 아버지를 존경하거나 사랑하지 못했던 것이다.

지금 우리 시대에도 수많은 괴테와 같은 아버지와 어머니가 존재한다. 이웃에서도 쉽게 찾을 수 있다. 아이의 재능과 아이의 흥미를 찾아주려는 것이 아니라 부모가 못 이룬 꿈을 아이에게 강요하거나, 남들이 다 한다는 공부만을 따라서 억지로 시키는 것이다.

주변 이웃의 이야기를 해보겠다. 그녀는 결혼 전, 신세계백화점에 입점해 있던, 예쁜 수입 란제리 코너의 직원이었다. 그녀는 중공업에 다니는 남편을 만나서 결혼 이후 가족을 위해 주부로서 살게 되었다. 엄마를 닮아 예쁜 딸을 가진 그녀는 아파트의 엄마들 이야기에 쉽게 흔들리는 타입이다.

아이가 유치원 때부터 미술 과외를 시작하고 초등학교에 입학하자마자 논술 학원과 태권도 학원, 피아노 학원까지 다니기 시작했다. 이후 아이는 교과에 필요한 각종 학습지 수업도 병행했으며, 아이는 학교 밖 놀이터에서 볼 수 있는 일이 거의 없었다.

그녀는 학교의 방과후 수업도 신뢰하기 어렵다면서 전문가인 학원과 과외, 학습지 선생님만을 신봉하고 있었다. 문제는 아이의 과도한 스케줄에 따라 그녀 역시 매일 아이를 따라다니기 바쁘다는 것이다. 그녀는 나와 한 동네에 살지만 커피 한잔을 나눠 마시기 어려울 정도로 정신없이 바쁘다. 아이가 고작 10살인데 말이다. 그리고 아이가 아직 초등학생인데 벌써부터 이런 스케줄을 소화해야 한다면, 차후 중고등학생이 되면 어떻게 지낼 것인가 염려된다.

여기서 스터디코드의 조남호 대표의 이야기를 들어보자. 그는 수십억의 돈을 준다고 해도 다시는 고등학교 시절로 돌아가고 싶지 않다고 누차 공언했다.

조남호 대표는 중학교까지 그저 그런 성적을 받는, 보편적인 문제아라 불리는 남학생이었다고 한다. 그는 고등학교 시절 정신 차리고 공부에 몰입하여 서울대에 간 이후 공부법에 관한 연구를 하고 공부법 회사를 차려 운영 중이다.

그는 고등학교 시절 매일같이 7시간 반을 잠을 자고 학기 동안은 4시간씩 공부를 했으며, 방학 중에는 아침 9시에 학교에 가서 저녁 7시까지 매일매일 10시간씩 공부를 했다고 한다. 이렇게만 들으면 '그게 왜 힘든 거지? 잠도 많이 자고 평소 4시간밖에 공부 안 했는데?'라고 생각할 수 있다.

하지만 그의 주장은 이렇다. 모든 시험과 평가에는 기한이 정해져 있다. 군대를 가도 요즘은 1년 몇 개월간만 버티면 되는 것이고, 힘겨워지면 쉬었다 오라고 휴가도 주어진다. 그렇지만 대입 수능이란 고1이 바라보기에 너무나 한없이 멀고 먼 골인 지점인 것이다. 3년 동안 단 하루의 휴가도 가본 적 없었다고 한다.

스스로 가장 힘들었던 부분이 방학 기간 중의 자습하던 공부시간이라고 한다. 2~3일에 한 번씩 공부하던 책상을 뒤엎었던 정도로 미칠 듯이 힘든 기간이었다고 회상하면서 자신처럼 힘겹게 공부하지 않도록 후배들과 학생들이 즐겁고 행복한 공부시간이 될 수 있도록 공부법에 대한 연구를 하고 회사를 차리게 되었다고 이야기한다.

나 역시 고등학교에서 정규 수업시간이 마치면 심화반 수업으로 보충수업을 더 했으며, 그리고 남은 저녁 시간까지 학교에 남아 야간자율학습을 했다. 그뿐인가, 밤 10시 야간자율학습을 마치면 학교 정문 앞의 독서실로 출근해서 자정이나 새벽 1시까지 복습을 하다가 독서실 차량을 타고 집으로 귀가했다.

이렇게 지내는 3년으로는 나도 다시는 돌아가고 싶지 않다. 그곳은 창살 없는 감옥이나 마찬가지였다. 여름휴가도 없고, 방학 중에는 더 많은 공부를 스스로 하는 것이 가장 큰 스트레스였다. 나의 문제는 이런 고통의 시간을 왜 견뎌야만 하는가에 대한 고민이었다. 나는 서울대가 목표도 아니었고, 하고 싶은 전공이나 미래 직업도 없었기 때문에 더 힘들었었다. 막연하게 부모님이 원하는 교육대학과 사범대학을 목표로 공부를 하라고 강요하시지만 그것이 나의 꿈이 아니었고, 내가 하고 싶은 미래를 찾지 못해서 공부를 하고 있지만 성적은 원하는 만큼 오르지 않았다. 이 문제는 수능을 마치고 나서 대학과 전공을 정할 때도 다시 나타났다. 이런 이유로 나는 아이에게 억지 공부를 강요하지 않는다.

내 아이에게 제일 먼저 알려줄 것은 공부하는 이유이다

좋은 부모는 돈을 물려주지 않고, 좋은 습관을 물려준다고 한다. 세계 제일의 부자 빌 게이츠가 그의 아버지에게서 물려받은 최고의 자산은 좋은 습관이었다.

빌 게이츠는 자신의 성공 비결을 '독서 습관'이라고 밝힌 적이 있다. 빌 게이츠의 아버지는 주말마다 아이들을 데리고 도서관에 갔다. 평일 저녁에는 항상 가족과 함께 식사를 했으며, 식사를 마친 이후는 TV 앞에 모이는 것이 아니라 자신들이 읽은 책에 대해서 이야기꽃을 피웠다고 한다. 모르는 내용이나 단어는 식사 중이라고 해도 사전을 꺼내 와서 자녀들의 궁금증을 풀어주었다. 그런 가정환경 속에서 빌 게이츠는 10살이 되기 전에 도서관에 있는 백과사전을 모두 읽었고, 자연스럽게 독서 습관을 기를 수 있었다고 한다.

나이가 어릴 때 머리 좋은 아이들은 짧은 시간만 공부해도 좋은 성적을 낸다. 하지만 중·고등학교에 가서는 달라진다. 어릴 적 쉽게 높은 성적을 내는 것만 믿고 아이에게 꾸준하게 공부시키지 않으면 고학년이 되어 실패할 가능성이 커진다. 공부는 오래해야 한다. 고학년이면서 성적이 좋은 학생들은 어릴 적부터 공부를 생활화해서 공부 습관이 잘 잡혀 있기 때문이다. 그렇다면 이미 고학년이 돼버린 학생들은 어떻게 해야 할지 조언해주겠다. 현재 중3이거나 고2라면 지금부터라도 다시 습관잡기부터 시작을 해보자. 새로운 습관을 몸에 배게 하는 시간은 66일이면 충분하다.

영국 런던대학교의 릴리파 랠리 교수는 실험을 통해서 새로운 습관이 자연스레 몸에 배는 기간이 66일이라고 밝혔다. 실험을 위한 지원자들에게 매일 똑같은 행동을 하나씩 하도록 시켰는데, 그 행동을 의식 없이 하게 되는 날짜를 조사했다. 빠른 사람은 18일 만에, 오래 걸리는 사람은

84일 만에 하게 되어 평균 66일이 걸렸다. 이렇게 공부 습관 잡는 비법은 공부에 관심 있는 사람이라면 누구나 쉽게 찾을 수 있다. '공부의 신' 강성태도 〈66일 공부 습관 잡는 계획표〉라는 것을 만들어 두었으니 인터넷으로 찾아 출력해서 활용 가능하다. 이렇게 공부라는 것은 끊임없는 과정과 연습과 훈련의 연속이다. 하지만 66일 만에 해결되는 공부는 없다.

학교 방과후 한자 수업에서 사자성어를 배운 아이가 어느 날 나에게 이렇게 이야기해주었다. "엄마, 작심삼일이 뭔지 알아?"라고 질문하는 것에 "어떤 일에 마음먹었지만 3일을 넘기지 못한다는 뜻이지."라고 사자성어의 내용을 알려줬더니, 자신도 배워왔다면서 "그러니까 엄마, 3일마다 마음먹으면 오랫동안 계속 마음먹은 대로 할 수 있어!"라고 내게 가르침을 주었다.

나는 누차 강조하고 주장한다. 아이에게 억지로 공부시키지 마라. 아이가 좋아하고 재미있어하고, 즐거워하는 일을 할 수 있도록 부모는 그 아이의 적성과 흥미를 찾아주자. 그리고 아이가 공부를 재미있고 즐겁게 할 수 있도록 끊임없이 동기부여를 하며 아이를 격려하고 공부를 해야만 하는 이유를 알려줘야 한다. 공부하는 이유를 알면 공부는 저절로 재미있어진다.

2 맹모삼천지교, 이제는 가창초등학교로 전학 간다

맹모가 3번이나 이사 간 이유

아이를 가진 학부모치고 맹모삼천지교의 맹자의 어머니를 모르는 사람은 없다. 나는 맹모삼천지교의 새로운 해석을 알려드리려 한다. 맹자의 어머니가 자식의 교육을 위해서 이사를 했다면, '처음부터 서당 옆으로 바로 이사 가도 될 것을 왜 2번이나 장의사 옆집과 시장으로 이사를 했을까?'라는 의문에서 시작한다.

맹자의 어머니는 첫 번째 이사로 아들에게 죽음의 의미를 깨우치게 하려고 장의사 옆집으로 이사를 한 것이다. 이후 두 번째 이사를 시장으로

간 것은 인간들의 삶에 대해서 가르치기 위해서였다. 치열한 삶의 모습이 가장 잘 드러나는 시장으로 이사를 간 것이다. 이렇게 맹자의 어머니는 아들 맹자에게 인간의 죽음과 삶의 의미를 직접 체험하고 진정한 학문을 교육하기 위해서 2번의 이사를 했으며 마지막으로 서당 옆으로 이사를 갔다는 해석이다. 맹자는 어려서 아버지가 돌아가셨다. 맹자의 어머니는 아버지 없이 자라는 아들을 걱정하여 더욱 엄하게 교육에 신경을 썼다. 그러던 어느 날 공부하러 서당에 간 아들이 공부가 힘들다고 집으로 도망쳐 왔다. 맹자의 어머니는 집 안에 있는 베틀의 줄을 끊어버리며 아들을 꾸짖었다. 그 당시 옷감을 짜는 베틀은 돈을 버는 유일한 재산이었다.

"네 공부는 나의 베짜기와 다름없다. 이 베는 한 올 한 올 이어져야 옷이 만들어진다. 모름지기 학문이란 베짜기처럼 밤낮을 가리지 않고 부지런히 연마해야 이룰 수 있는 것인데, 네가 공부가 힘들다고 그만둔다는 것이냐. 나도 더 이상 베짜기를 계속할 수 없겠다."

맹자는 어머님의 노여움 앞에서 얼굴을 들지 못하고 서당으로 되돌아가서 다시 공부에 열중했다.

시대와 상황은 다르겠지만, 교육열 높은 대한민국의 학부모 마음은 맹자의 어머님과 다를 바 없다. 지금 시대의 부모님은 맹자의 어머니처럼 눈물을 흘리며 베틀을 끊어내지는 않지만, 아이들의 공부를 위해서 강남으로 이사를 가거나 남편을 한국에 홀로 내버려두고 외국으로 아이와 함께 유학을 떠나기도 한다.

이제는 강남이나 외국이 아닌 가창초등학교로 전학 가고 있다

대구의 가창초등학교는 2011년까지만 해도 전교생이 46명으로 급감하여 폐교에 직면해 있었다. 가창면 일대가 대부분 그린벨트 지역(개발제한구역)이고 생활하기 불편한 점이 많아서 학생들의 감소를 피할 수 없었다. 고령자들만 남아 마을을 지키는 농촌 지역에 있는 초등학교로서 당연한 수순이었다. 그런데 2012년부터 반전이 일어나기 시작했다. 대구 시내 학부모들의 입소문을 통해서 시내 학교를 다니던 학생들이 가창초등학교로 전학해오고 입학을 하기 시작하면서 학생 수가 반등하여 상승하게 되었다. 대구는 물론이고 구미, 울산, 부산, 서울, 일산 등에서 전국 각지의 학생들이 전학을 오면서 2개월 만에 학생 수가 100명을 넘어서고 2013년은 전교생이 165명까지 늘어났다. 2019년 기준 전교생은 161명이다.

가창초등학교의 이런 기적에는 흔한 공립학교와 다른 특별하고 차별화된 교육 프로그램이 있다. 이상근 교장 선생님은 2012년도에 부임하면서 사교육 필요 없는 '가창 행복학교 프로젝트'를 추진하기 시작했다. '전국 방과후 학교 대상', '행복학교운영 우수상', '국악 경연대회 대상' 등을 수상하며 학교의 우수성을 알렸다. 또한 유네스코에서 주관하는 행복학교 워크숍에 한국 대표로 참가하여 행복학교 사례를 전 세계에 알렸다.

모두가 함께 참여하는 방과후 학교 운영도 다른 학교와는 차별화되어 있다. 가창초등학교의 방과후 학교는 입학해서부터 졸업할 때까지 학년성과 영역을 고려한 프로그램들이 세트로 구성되어 있다. 필요한 경비는 대구시교육청과 달성군청에서 전액 지원한다. 다른 지역의 학부모들이 사교육에 시간과 돈을 투자하고 있을 때 가창초등학교는 모든 교육을 학교에서 책임지고 맡고 있어서 경제적 혜택은 물론 주말이나 다른 여가시간을 가족과 함께하는 선순환 구조를 마련해주었다.

초등학생이 가장 많이 접하는 대표적인 사교육을 엄선하여 전교생이 졸업하는 날까지 모든 방과후 수업을 이수하게 되니 학생들은 다양한 프로그램에 지속해서 참여하게 되고, 이처럼 방과후 학교 수업을 마치고 집으로 돌아가는 학생은 학원에 안 다니고 학교에서 모든 교육을 받는 것에 대해 매우 만족해한다. 시골에서 도시로 학생이 떠나는 현실을 '찾아오는 시골 학교'로 반전의 기적을 일으킨 가창초등학교는 학교 본래의 기능을 회복해서 교육의 주체로서 거듭나는 '공교육 정상화'의 모범 사례로 정착되고 있다고 한다.

또 다른 변화는 가창초등학교 인근의 부동산까지 함께 붐이 일어나게 된 것이다. 아이를 위해 대구 달성군 가창면으로 이사를 오는 가정이 늘어나면서 가창초등학교 근교의 신축 빌라와 타운 하우스가 들어서는 등 부동산 상승 효과까지 함께 일어나고 있다. 기회가 된다면 나도 나의 둘째 딸을 위해 가창초등학교 근처로 이사 가고 싶다.

가창초등학교의 방과후 수업의 과목을 살펴보자면 이렇다.

영어 – 일상생활과 관련된 영어 회화, 상황에 알맞은 말을 사용하여 자신의 의사를 표현하게 한다.
중국어 – 중국어 기초 실력을 향상시키고 다문화를 이해하는 글로벌한 인재를 양성한다.
택견 – 몸과 마음을 수련시키는 택견은 학생들의 건강뿐만 아니라 자기 통제력과 절제력을 길러줘 다른 과목의 학업 성취도 향상을 이끌어낸다.
컴퓨터 – 컴퓨터 기초부터 자격증 취득까지 전 과정을 배움으로써 컴퓨터 활용 능력을 향상시킨다.

바이올린 – 바이올린을 통해 음악적 감각, 집중력, 기억력, 창의성, 인내심, 자발성, 사고력, 균형 있는 자세, 성취 동기, 자아 발견 등을 개발시켜준다.

국악 – 날뫼북춤을 통한 국악 악기를 연주할 수 있으며, 여러 종류의 장단을 익힌다. 꾸준한 연습을 통해 날뫼북춤 대회 참여 기회를 부여한다.

창의미술 – 그리기, 만들기, 꾸미기 등의 작품 제작을 통하여 미술 표현의 다양성을 학습한다.

노래교실 – 노래 배우기를 통한 음악 실력 향상 및 율동 발표 등 활동을 통해 긍정적인 사고를 하게 하고 자신감을 높인다.

창의수학 – 창의활동을 통해 수학의 원리와 개념을 익히고 창의적 설계에 의한 문제해결 과정을 통해 4차 산업혁명 시대에 맞게 창의융합형 인재로 양성한다.

동화구연 – 동화를 듣고, 구연을 해봄으로써 발표력을 기르며, 자신의 생각을 말하여 사고력을 증진시킨다.

또한 가창초등학교는 1교시 수업을 9시 20분으로 늦추고 아침 운동 시간을 만들었다. 학생들이 등교해서 바로 운동장에 모여 학생과 교사가 함께 운동장 주변을 걷기도 하고 줄넘기 줄로 운동을 하다가 학년별 단체 줄넘기를 하기도 한다. 이런 아침 운동 프로그램은 학생들의 학교생활에 활력을 주고 학습 능률 향상에도 도움을 준다고 한다.

가창초등학교에 다니면서 학생들은 외국어를 비롯해서 다양한 예체능 과목을 학교에서 하는 방과후 학교 수업을 통해 모두 배울 수 있어서 사교육에 대한 부담이 전혀 없는 데다 방과후 학교 발표회, 한마음 캠프 등의 행사를 통해 무대 위에서 발표할 수 있는 기회를 자주 가질 수 있다. 이것은 학생들의 자신감 향상에 아주 큰 도움이 된다.

그런데 자세히 생각해보면 대부분의 학교에서도 시행되는 비슷한 프로그램이다. 그런데 왜 유독 가창초등학교만 주목을 받게 되었을까? 이건 아마 지극히 평범하면서도 상식적으로 운영하는 학교 경영 방식 덕분이 아닐까 싶다. 학교 본래의 기능을 회복하고 교육의 주체가 되어 당당하게 임할 수 있도록 하는 것이 '공교육의 정상화'가 되는 것이라 생각한다. 이런 공교육이 바르게 이루어지는 학교, 가창초등학교로 전국에서 수많은 학생이 전학을 가고 있다.

3 외고 부럽지 않은 가창초등학교의 방과후 수업

내가 외고를 고집했던 이유는 수월하게 대학을 가고 싶어서였다.

부모님은 내가 어릴 때 이혼을 하였다. 나는 홀로 되신 어머님과 단둘이 살았다. 사는 것이 급급했던 어머니는 나의 장래나 미래에 대해 진지한 고민을 함께할 시간이 없었다. 그러던 중3 시절 학교 담임의 면담 요청 이후 어머니는 어떤 충격을 받으셨던 건지, 나의 중3 여름방학 때 어머니의 공장에서 현장 실습을 하게 하셨다.

고등학교 진학 전 다른 친구들은 학원과 과외까지 더하고 있던 그 중요한 중3 여름방학에 나는 전남방직이라는 공장에 들어가서 북인천여상에 다니는 여공들과 함께 공장일을 배우며 근무했다. 밤샘 근무를 하던 중 졸다가 공장 기계에 사고를 당할 뻔한 이후 나는 어머니의 특혜를 받아 주간 2교대만 근무했다.

부모님은 나에게 꼭 인문계고를 진학하라고 강요하면서 그렇지 않으면 일찍 공장에서 여상이나 다니라고 하신 것이다. 그런 엄격한 부모님을 어렵게 설득해서 나는 외국어고등학교에 입학했다. 나는 외고니까 일반 인문계 고등학교와는 분명 차별화되는 수업으로 대학을 진학하는 데 유리할 거라는 생각으로 중3 때 스스로 내린 결정이었다. 내가 나의 진로를 향해 첫 결정을 내린 순간이었다. 부모님은 일반 인문계 고등학교를 졸업하고 교육대학이나 사범대학으로 진학하시길 원하셨지만, 선생님이 된다는 것도 자신이 없었고 그만한 성적을 만들고 유지할 자신도 부족했었다.

내가 다닌 고등학교는 일본의 고등학교와 자매결연을 맺고 있어서 매년 자국의 학생들이 상대의 나라로 방학 동안 교환학생으로 시간을 보내게 되어 있다. 나는 학교에서 인정받는 우수학생으로 당연히 일본으로 떠날 준비를 하던 중 또다시 좌절을 겪게 된다. '편모 가정의 자녀라 일본에 입국했다가 한국으로 돌아오지 않으면 안 되지 않느냐'는 말도 안 되는 이유로 나는 일본 입국비자를 거절당했다. 이런 아픔을 겪기는 했지만 외고 진학은 탁월한 선택이었다. 고3 수능이 끝나고 나는 내신과 수능을 합친 점수로 어머님의 곁을 떠나 멀리 부산외대로 진학하고 싶었다. 하지만 아무것도 허락받지 못해서 난 어쩔 수 없이 집에서 가장 가까운 경인여대 간호과에 입학했다. 부모님의 억지 강요로 적성에 맞지 않는 간호과에서 2년이라는 소중한 돈과 시간을 허비하고 나는 대학교를 중퇴해버렸다.

이후 1년 넘게 혼자 직장에서 돈을 모으고 인천전문대 일어과로 다시 진학을 하게 된다. 대학에서도 일본어를 전공하면서 교수님들께 인정받은 나는 졸업 전에 교수님의 추천으로 인천공항 면세점에 조기 취직을 하게 되었다. 외국어의 중요성을 일찍부터 깨닫고 많은 이득을 본 나는 아이가 어릴 적부터 영어로 놀게 해주었고, 초등학생이 되자 방과후 영어와 방과후 중국어를 가르치고 있다. 언어는 모국어와 함께 매일매일 꾸준히 반복하면서 해당 언어의 환경에 노출시키는 것이 답임을 나는 경험을 통해 알고 있었다. 그래서 나는 아이의 외국어 교육에 엄청난 노력을 기울이고 있다.

가창초등학교 아이들은 3개 국어를 마스터한다

하지만 앞에서 말한 대구 가창초등학교의 전교생들은 외고 부럽지 않은 방과후 수업으로 6년간 영어와 중국어를 기본으로 배워 졸업하게 된다.

외국어 교육은 정규 교과(영어), 창의적 체험 활동(국제 문화 이해 교육), 방과후 학교(영어, 중국어) 수업시간으로 세분하여 매주 10시간 정도 운영한다. 모든 학생이 함께 참여하고 즐기는 체험 활동 중심의 외국어 수업과 더불어, 외국어 캠프 및 페스티벌, CCAP(유네스코에서 지원하는 외국 문화체험 프로그램), 국제교류 활동 등을 통한 세계 각국의 문화 체험 활동을 한다.

매년 4회에 걸친 외국어 페스티벌뿐만 아니라 5학년이 되면 중국 닝보의 자매학교에 가서 공동학습도 하고 홈스테이도 하면서 사고의 폭을 넓히고 아이들에게 외국 문화 및 외국어 교육에 대한 자발적인 동기를 부여한다. 가창초등학교 학생들은 영어와 중국어로 자유롭게 자기소개를 하며 거리낌 없이 소통하려는 자세가 되어 있다.

또한 '가창달인제'라는 시스템을 만들어 학생들 스스로 자신의 꿈과 끼를 발굴하는 기회가 되도록 독려하고 있다. '가창달인제'는 학교에서 목표를 세우고 배우게 할 대표 과목을 8가지 선정하여 다양한 학교 교육 활동을 통해서 즐겁게 배울 수 있도록 꾸며져 있다.

달인 종목으로 인문 영역(영어, 중국어, 한자), 공학 영역(컴퓨터), 예술 영역(바이올린, 단소, 리코더), 체육 영역(음악 줄넘기, 택견) 등을 선정했다. 8가지의 각 종목을 일정 수준에 도달하게 급수제를 적용하고 정규 교과 및 방과후 학교의 개설 강좌와 연계해서 실시하도록 했으며, 종목별로 취득한 급수에 따라 인증서를 수여하고 특기신장의 기회로 제공한다.

2015년부터는 '가창달인제'를 통해 일정 수준에 도달한 학생은 국가공인 인증시험에도 참가하도록 지원하고 있다. 영어의 ESPT Junior(국가공인 영어 말하기듣기 자격시험), 중국어 HSK(전세계 중국어 능력시험이라고도 불리며, 한어수평고시, 중국 정부의 지원 하에 실시되는 외국인을 위한 중국어 시험)부터 우선 실시하고 차츰 다른 과목도 늘려갈 예정이다.

가창달인제의 급수 기준표는 6년간 공부했을 때를 기준으로 만든 것인데, 실시 4년째부터 많은 학생들이 여러 종목에서 1, 2급 인증서를 받을 만큼 발전 속도가 빠르다.

가창초등학교에는 다른 학교에는 없는 독특한 학부모 조직이 있다. 바로 전국 최초의 '학부모협동조합'이다. 학교운영위원회에서 학부모협동조합의 운영 규정까지 별도로 만들어 운영하고 있다. 학부모협동조합은 주로 학년별로 활동하고 있으며, 자녀가 전입학하게 되면 자동으로 협동조합원의 자격을 취득하게 된다. 학년별 협동조합은 자율적으로 운영되며, 학교의 교육 행사 지원, 방과후 학교 지원, 돌봄교실 지원 활동으로 팀을 나누어 모든 학부모가 참여하고 있다. 학교 내 활동에 그치지 않고 자녀와 함께 독거노인 찾아뵙기 등 지역사회와 함께하는 봉사활동에도 적극 참여하고 있다. 그리고 희망하는 학부모협동조합원에게 '외국어아카데미'를 개설해 기본적인 외국어 의사소통 능력을 기를 뿐 아니라 학교에서 이뤄지는 외국어 교육에 대한 이해를 높이고 있으며, 외국어 캠프와 페스티벌에서 학부모 교사로 원어민 교사를 도와서 중국어와 영어 체험 활동을 연계해 적극 지원하고 있다.

가창초등학교는 이렇게 대구는 물론 전국의 교육 관계자들이 끊임없이 학교를 방문해서 우수 사례를 담아가고 일본, 중국 등 외국의 교육 관계자들도 수시로 방문하는 인기 학교로 자리 잡았다.

각 지역별 이런 특성화 학교는 하나씩 있게 마련이다. 울산의 농어촌 학교로 대표적인 두동초등학교를 소개해보겠다. 방과후 학교의 전원 무상교육으로 가창초등학교처럼 울산 시내와 인근 도시에서 두동초등학교로 입학하거나 전학하는 사례도 많았다. 다만 방과후 학교의 수업 과목이 적고, 너무 산골 외지라서 날씨에 따라 방과후 학교 수업의 결손이 많다. 그리고 가장 중요한 것은 학부모의 참여도가 낮아서 그런지 가창초등학교만큼 특별하고 지조 있는 교육을 꾸준히 받지 못하고 있다.

가창초등학교는 입학해서부터 졸업할 때까지 지속 가능하고 학교의 전통을 살릴 수 있는 교육 프로그램을 운영하며, 학생 한 명 한 명의 이름을 부르며 함께 웃으며 생활하는 교사들과 학부모들의 관심과 능력이 교육적 제고로 선순환되는 교육 공동체이다. 가창초등학교와 같이 다른 초등학교들도 행복학교로 변화되길 기대해본다.

4 자신만의 포토폴리오 만들기

2021년 대입 전형 기준 안내

2020년에는 코로나19로 인해 1학기 개학이 연기되고, 개학을 한 후에도 한동안 등교 수업이 아닌 원격 수업이 진행됐다. 또 사상 처음으로 수능이 연기되었다. 수험생들은 이전과는 전혀 다른 환경에서 시험을 준비하고 있다.

전문가들은 코로나19로 인해 학사일정에 차질이 있었기 때문에 수능 시험이 지난해보다 쉬울 것이라고 예상하지만, 한편으로는 변별력을 유지해야 하는 수능의 특성을 고려하면 마냥 쉽게만 출제되지는 않을 것으로 예측하기도 한다. 실제로 최근 수능시험에서 교육과정평가원은 '과목별로 만점자를 배출하지 않겠다'는 태도를 보여줘왔다. 수시가 아닌 정시를 생각하는 상위권 학생들에게 도전 정신을 부여하는 것처럼 보이기도 한다.

'수능을 만점 받아 인정받고 말리라!'

이와 같은 생각을 가진 학생이 몇 안 되듯이 우리는 보통 정시가 아닌 대학 입학문이 넓어진 수시 전형을 잘 찾아서 내 아이에게 유리하고 적성에 맞는 대학과 전공을 찾아주어야 한다.

한국대학교육협의회 대입 전형위원회가 발표한 전국 198개 4년제 대학의 '2020학년도 대학 입학전형시행계획'에 따르면, 전체 모집인원은 34만 7,866명으로 2019학년도보다 968명 줄어든다. 정시모집 인원은 전체 모집 인원의 22.7%, 수시모집 인원은 77.3%이다. 1997년 이후 수시모집 비중이 역대 최고를 기록했다.

이제는 수시 전형으로 충분히 좋은 대학을 갈 수 있는 기회가 늘어나고 있다. 우리도 외국의 선진국 대학들처럼 공교육에 충실하게 다니면 대학을 선택해 진학할 수 있다. 다만 내 아이에게 맞는 전공과 대학을 찾앉을 때의 이야기다.

수시 전형이라고 해서 학교 생활기록부만 살펴보는 것이 아니다. 수시 전형의 방법에는 크게 3가지가 있다. 이제는 수시 전형 방법에 대해 안내를 도와드리겠다.

학생부종합전형 2021년 대입 기준을 살펴보자

1. 고교 교과 성적과 비교과 전반을 평가하는 전형 방법으로 학교생활기록부, 자기소개서, 면접으로 이뤄진 방법이다. 이것은 서울과 수도권 상위 대학에서 비중이 큰 전형 방법으로 서류 100% 선발하는 대학이며 보통 수능 점수는 최저로 적용하는 대학이 많다. 내신 성적이 중·상위권이지만 모의고사 성적이 저조한 학생, 비교과 활동이 활발했던 학생에게 유리한 방법이다. 비율로 확인하면 전체 2021 대입 정원에서 서울권 내에서 43%와 전국 대학 42%의 학생들을 선발한다.

2. 고등학교 교과 성적 우수자를 선발하는 전형 방법으로 교과 성적, 수능 최저 기준(학교별 상이함), 자기소개서로 이뤄진 방법이다. 상위권 대학에서 교과 성적 100% 선발 시 수능 최저 점수를 적용하는 대학이 많다. 전국 정시와 수시 포함해서 8% 선발한다. 교과 성적 우수학생을 선

발하는 만큼 내신 1등급(각 학교의 전교생 기준으로 상위 4%) 학생들에게 유리한 방법이다.

3. 논술 전형은 평소 학생부나 내신이 불리하고 논술을 꾸준히 준비한 학생에게 유리하다. 2021년 대입에서는 연세대학교가 384명을 모집할 예정으로 수능 최저라는 기준이 없어서 더욱 좋다.

연세대(논술100%)뿐 아니라 서울 주요대학 입시에서 논술 전형은 필수이므로 평상시 독서와 논술의 연습은 게을리할 수 없다. 대다수 학생부와 수능 최저 점수를 적용하지만 등급의 격차가 적으며, 2개 영역의 합이 4등급을 최저로 보는 대학이 많다.

2021학년도 대학 입시에서 주목해야 할 점은 수시 모집과 정시 모집의 비중 변화이다. 그동안 증가세였던 수시 선발 비중이 처음으로 줄어들었다. 변화폭이 크지 않은 만큼 지난해와 마찬가지로 수시에 잘 대비하는 것이 대입 성공의 지름길이라고 입시 전문가들은 조언한다.

2021학년도 대입 수시 모집에서 가장 많은 인원을 선발하는 전형은 학생부 교과 전형이다. 전체 모집 인원의 42.3%인 14만 6,924명이 선발된다. 내신이 우수한 학생이라면 학생부 교과 전형을 활용할 필요가 있다.

방과후 수업과 동아리 활동으로 개성 있는 학생부종합전형을 만들자

나는 외고를 졸업했고, 나 혼자만의 장래 희망이었지만 외국어대학을 진학하고자 JLPT 일본어 자격증을 고1부터 도전해왔다. 현재 많은 고등학생들도 토익이나 토플 등의 영어시험을 준비하고 등급을 미리 받아두는 편이다. 목표가 있다면 그 대학과 전공에 관련된 자격증을 비롯해서 어떠한 책이 도움되는지까지 모두 찾아서 적극 활용해야 한다.

우리나라에서 대학 진학 시 영어 특례입학으로 토플점수를 기본적으로 제출해야 하는 경우가 많다. 단, 토플은 대학에서 많이 사용하는 문장들로 구성되어 있기 때문에 토익시험보다 어려운 난이도로 출제되므로 준비 기간이 조금 오래 걸리는 편이다.

JLPT는 일본어능력시험으로 일본 정부가 주관하는 만큼 세계적인 공신력을 인정받은 시험이다. JLPT는 N5~N1까지의 등급으로 나뉘는데 이 레벨에 따라 언어지식, 독해, 청해의 3가지 파트로 구분된다. 일본어의 기본인 히라가나부터 시작해 'N' 옆에 있는 숫자가 낮아질수록 고난도의 실력이 필요하며 각 등급별 만점은 180점이다. 과목별 최저 점수를 넘겨야 최종 합격이 된다. 과목별로 체계적인 전략과 공부법으로 제대로 준비한다면 단기간에도 합격은 가능하다.

과거 '외국어 공부'하면 영어가 제일 흔했지만 지금은 중국어를 많이 떠올린다. 중국어의 중요성과 필요성이 많아지고 있는 추세이다. 그래서인지 대표 중국어 자격증으로 꼽히는 'HSK 시험'의 응시생이 1~2만 명씩 매년 늘어나고 있다. 전 세계적으로 중국 시장이 활발해지면서 중국어 자격증인 HSK를 필요로 하는 기업도 크게 증가하고 있기 때문이다.

중국어 자격증인 HSK 시험은 난이도별로 1급부터 6급까지 나뉘어 있다. 따라서 중국어를 이제 막 시작한 사람은 3급 혹은 4급 취득을 목표로 삼고, 기업 채용 시 가산점 우대 혜택을 얻으려면 5급 이상으로 도전하는 것이 좋다. 중국어 시험은 일본어 시험과 반대로 숫자가 높아질수록 고난도의 실력이 필요하다.

자격증은 비단 외국어만 있는 것이 아니다. 대학입시에 유리한 여러 가지 자격증이나 교내 외의 각종 대회가 많으니 적극 활용하기 바란다.

하나의 예시로 우리 방과후 회사에서는 방과후 영어 수업을 하는 학생들에게 해마다 4분기 중 2월이 되면, YBM에서 실시하는 JET kids (Junior English Test-kids)를 시행한다. JET kids는 JET시험과 더불어 한국영어교육학회(KATE)로부터 인증 받은 공신력 있는 영어시험이다. 우리 방과후 영어 수업을 1년간 받은 학생들은 자신이 공부해온 영어 실력을 공신력 있는 영어시험으로 증명할 수 있는 것이다.

그뿐 아니라 학기 중에는 헤럴드 영자신문 기자단이라고 해서 헤럴드 본사는 전국적인 영자신문에 방과후 영어 수강생들의 영어기사를 기고해주기도 한다. 이것은 대입에도 활용할 수 있는 최고의 포트폴리오가 된다.

나는 방과후 수업마다 관계된 각종 시험과 자격증을 안내했다. 공학부에 지원하는 학생들은 로봇 수업으로 로봇대회 참가 실력과 상장을 학생종합부전형에 기록하거나 대입 수시 전형에 필요한 자기소개서에 채워 넣을 수도 있다. 방과후 활동으로 수상한 바둑대회 급수 상장이나 예체능으로는 전국 단위의 미술대회가 있다.

이렇게 전국 단위, 세계적인 대회가 다양한 만큼 부모는 아이의 적성을 찾아주고 그 아이의 흥미를 발견해 학습에 연계되도록 도와주어야 한다. 이것은 아이만의 유일한 포트폴리오가 된다. 방과후 활동으로 아이에게 많은 자격증과 상장을 채워주자.

5

방과후가 대신해주는 족집게 학원형 수업

사교육만이 정답은 아니다

다음은 2020년 통계청 조사 결과이다.

2019 초중고 사교육비 조사 결과, 2019 초중고 사교육비 총액은 약 21조원, 사교육 참여율은 74.8%, 주당 참여 시간은 6.5시간으로 전년 대비 각 7.8%, 1.9%p, 0.3시간 증가했으며, 사교육비 총액은 전년 대비 19조 5천억에 비해 1조 5천억(7.8%) 증가하고, 전체 학생 수는 전년 대비 감소했으나 참여율과 주당 참여 시간은 증가했다. 전체 학생의 1인당 월평균 사교육비는 32만 1,000원, 참여 학생은 42만 9,000원으로 전년 대비 각

각 10.4%, 7.5% 증가했다.

초중고교의 교육이 대학입시에 맞춰져 있는 상황이라 한국의 사교육 시장은 날이 갈수록 커지고 있다. 아이들의 미래 꿈과 희망을 찾아주기보다 당장 학교 성적 올리는 방법과 책을 빨리 읽히는 속독 학원이 엄청나게 유행하던 시절이 있었다. 아이들의 감성을 자극하고 풍부하게 만들어주는 예체능 학원조차 전공을 하는 아이가 아니라면 필히 유치원이나 초등 저학년에 마쳐야 한다고 한다.

그렇게 내 아이는 1학년에 합기도 학원을 갔고, 합기도를 2년 다닌 이후 3학년인 현재 피아노 학원을 다니고 있는 중이다. 합기도와 피아노 수업은 우리 아이의 학교 방과후 수업으로 할 수 없는 과목이라 어쩔 수 없다.

"우리 아이는 학원도 보내고, 과외도 해봤지만, 만족할 만큼 성적이 오르지 않습니다. 어떻게 해야 아이의 성적을 올릴 수 있을까요?"

보통 부모들의 흔한 질문이다. 빠르게 성적을 올리는 방법을 묻는다. 성적이 우선이 아니라 아이가 어떤 꿈을 꾸는지, 왜 공부를 하는지부터 알려줘야 한다. 두근대는 꿈을 가진 아이는 다르다. 그 꿈을 실현시키기 위해서 지금은 힘들지만 자신에게 필요한 공부를 꼭 해야만 한다는 것을 안다. 그래야만 성적이 빠르게 바로 올라가는 것이다. 이렇게 부모는 아이에게 학습 동기를 부여하고, 아이를 긍정적으로 믿고 기다리면서 왜 성적이 오르지 않는지 아이와 함께 고민하며 공부 방법을 찾아나가야 한다.

유명했던 드라마 〈SKY캐슬〉에서도 알 수 있다. 의사, 변호사, 소위 성공한 어른들만 어울려 사는 그 동네 자녀들이라면 모두 똑같이 같은 학교에서 같은 사교육을 함께 받으며 공부를 하지만, 성적은 차이가 난다. 주인공 예서가 최고의 사교육을 받았지만 똑같은 사교육을 받자 혜나를 이길 수 없는 것처럼 아이들의 타고난 공부머리와 지식을 습득하는 차이도 있는 것이다. 이것은 '사교육만이 정답은 아니다!'라는 것을 보여주는 것이다. 공교육의 방과후 수업으로도 아이는 충분히 학원 못지않은 성과를 이뤄낼 수 있다.

중학교 방과후 학교 이야기

내가 방문했던 울산의 중학교 방과후 수업은 완전히 교과 위주의 수업뿐이었다. 울산 K중학교는 방과후 학교 수업을 심화반 수업으로, 학원이 필요 없는 족집게 강의를 한다고 유명한 곳이다. 방과후 수업을 신청한 학생들에게 레벨 테스트를 거친 후 자신의 수준에 맞는 수업을 듣기 위해 과목별 강사도 따로따로 모셔두고 있다. 중학교 시험 기간이 되면 우리가 흔히 아는 노량진 재수학원과 같은 모습으로 학생도 강사도 똑같이 시험을 보고 채점하고 반성하며, 함께 기뻐하는 모습이었다.

흔히 기본적인 중학교 방과후 수업은 과목별 강사는 한 명뿐이고, 학생들은 잘하든 못하든 다 함께 하나의 수업을 같이 들어야만 한다. 그래서인지 그 중학교의 학부모들은 학교의 방과후 수업을 신뢰하지 못하고, 학교 앞 학원과 집에서 따로 과외 수업을 하고 있었다. 이렇게 되면 중학교 방과후 학교의 설문조사에서도 늘 낮은 점수로 해마다 방과후 업체가 교체되는 악순환이 계속되는 것이다.

방과후 수업이 학원 못지않게 유명한 다른 C중학교의 방과후 학교 수업을 이야기하겠다. C중학교 방과후 강사들은 학생들과 원만하고 10년 가까운 오랜 친분을 갖고 있다. 이로 인해 시험 전 주말에는 보강 수업으로 시험을 대비할 수 있게 도와준다. 강사들은 시험 기간에 방과후 수업이 없어서 쉬어도 되는 날이지만, 학생들의 시험지를 받아 즉석에서 채점해주고 시험문제 풀이를 지도하기 위해 시험 기간 중 늘 C중학교에 나와서 방과후 교무실을 지켜준다. 학생들과의 돈독한 사이로 아이들의 졸업이나 학년이 오르게 되면 치킨파티를 하거나, 무더운 여름에는 학생들에게 아이스크림도 사비로 사 먹이면서 수업을 이어나가고 계셨다.

또 다른 예시는 실패 사례이다. 방과후 학교가 시작된 지 얼마 안 된 2009년 인천 부평 지역의 대다수 중학교에서는 7교시 강제 방과후 학교를 시행했다. 일부 학교에서는 0교시 방과후 학교를 진행하기도 했다.

전국교직원노동조합 인천지부 중등 북부지회 조사 자료에 따르면 한 중학교에서는 7교시 운영에 대한 수강신청서를 가정통신문으로 발송했다. 국어, 수학, 사회, 과학, 영어 등 주요 교과목을 중심으로 종합반 9만 원, 단과반 4만 5천 원의 수강료를 받아 종합반 60시간, 단과반 30시간으로 운영한다는 것이었다. 불참 시에는 학부모 불참동의서를 작성해야 하며, 불참 학생은 같은 시간 동안 자기주도적 학습을 한다고 했다. 이렇듯 일부 중학교에서 실상 강제 보충 수업이 운영되고 있었던 적이 있다.

지금은 이렇게 진행되는 중학교 방과후 학교는 없다. 하지만 아직도 유사하게 학생들의 방과후 학교 수업을 일부 교장 선생님의 취향대로 강압적인 교과 수업만으로 채운 중학교가 있다.

방과후 수업을 하는 강사들과 방과후 학교의 업체들은 같은 입장이다. 학원 시스템이 학교로 들어간 것일 뿐 학생들의 성적을 올리고 학생들과 좋은 관계로 아이들이 잘되기만 바라는 것은 똑같다는 것이다. 그들도 학교 교사와 같은 과목을 대학에서 전공하고 졸업했으며, 우리 학생들을 사랑하고 부모님 다음으로 아이들의 성적 향상을 바라는 선생님이다.

중·고등학교의 방과후 수업도 학생들만 잘 따라오면 성적은 오르게 되어 있으니, 아이를 믿고 선생님을 믿고, 학교 방과후 수업으로 아이의 성적을 오르게 하자.

6 공부를 놀이처럼, 놀이를 공부처럼

이토록 공부가 재미있어지는 순간은 마음에 달려 있다

공부에 지친 청소년을 위한 힐링 에세이 『이토록 공부가 재미있어지는 순간』이란 책을 알고 계신가? 이 책은 학교 선생님이 먼저 추천한 책이며 2015~2020년 청소년 스테디셀러 1위를 차지한 책이다. 대한민국 최고의 고등학교로 평가받는 민족사관고등학교의 수재들이 이 책을 성경책 읽듯이 서로 돌려 읽는다고 유명해지기도 했다.

그래서 어느 독서토론 교육기관이 이 책을 읽은 중고등학교 학생을 대상으로 설문조사를 했다. 이 책을 읽은 느낌이 어떤지를 묻는 설문이었는데, 그 결과 98.4%의 대답이 '공부가 하고 싶어졌다.'였다. '어떻게'가 아니라 '왜' 공부하는지를 알면 공부는 '재미'와 '기쁨'으로 가득 찰 것이라고 이 책은 설명하고 있다.

이 책의 저자인 박성혁 군은 서울대 법대, 연세대 경영대, 동신대 한의대에 동시에 합격한 능력자이다. 그는 사방이 논과 밭으로 둘러싸인 전라남도 시골에서 자랐다. 중학교 시절은 시간을 허비하여 초등학교용 문제집을 사서 풀 정도로 성적이 좋지는 못했었다. 학원 하나 없는 시골 동네에서 뒤늦게 출발하니 주변의 걱정과 우려를 많이 받았다.

하지만 저자는 '마음'만 있으면 누가 시키지 않아도 스스로 공부에 푹 빠진다는 사실과 '마음'을 단련하면 공부에 조건이나 머리는 아무 문제가 되지 않는다는 것을 직접 실현해 보인 것이다.

이와 같은 성공담은 나도 쓰린 경험으로 깨달아 알고 있었다. 공부와 성적이란 스스로 마음먹기에 따라 금세 오를 수 있다. 성적으로 대우 받는 현실에서 1등은 '공부의 신'의 강성태가 이야기한 것처럼 '아무도 나를 함부로 대하지 못하고 세상에게 인정받는 최고의 방법'이기도 하다.

그렇지만 나는 저자와 다르게 명확한 목표가 없었기에 실패자로 남았다. 적성에 맞지 않는 간호과에서 필요 없는 시간을 소비하고, 직장생활을 하며 돈을 벌었지만 하고 싶은 일 없이 나는 성적에 맞춰 다시 일어과를 간 것이다.

이 책의 저자처럼 공부는 마음먹기에 달렸다. 재밌고 즐겁게 공부하면, 성적은 저절로 오르게 되어 있으며, 이렇게 재미있게 꾸준히 공부하는 것이 관건이다. 이것을 위해 우리는 아이에게 끊임없는 동기부여를 해주고 적성이나 흥미를 찾도록 노력해줘야 한다. 다양한 방과후 학교의 활동으로 아이가 좋아하는 수업을 찾아주자.

자신감 있는 아이가 공부를 잘하고 놀기도 잘하는 것이다. 그래야만 스트레스 없이 즐겁게 오랫동안 자리에 앉아 집중해서 공부할 수 있다. 나는 내 아이가 좋은 대학이나 우리나라 최고 명문대라는 서울대를 가야 성공한 거라고 가르치지 않는다. 그렇게 선입견이나 나의 고집을 아이에게 주입시키려 하지 않는다.

부모의 과한 욕심으로 아이가 어떻게 실패하게 되는지, 몸소 겪어봤기 때문에 절대 아이의 진로와 미래는 관여하지 않을 생각이다. 단지 미래에 아이가 하고픈 일과 아이가 원하는 꿈에 자신의 성적이나 학력 때문에 좌절하지 않기를 바랄 뿐이다.

미래에는 학력보다 실력으로 살아간다

코로나19 바이러스로 인해 사람들이 집에 있는 시간이 늘어나면서 '넷플릭스'와 같은 콘텐츠 비즈니스가 성장하고 있다. 우리 가족 역시 '넷플릭스'를 애청하는 시청자 중의 하나이다. 이제는 좋은 콘텐츠를 가진 사람이 가치를 인정받는 시대가 되었다. 앞으로는 인공지능의 개발로 언어의 장벽이 거의 사라지고 나의 콘텐츠도 얼마든지 해외 시장으로 진출이 가능하고 그만큼 해외 진출의 문턱이 낮아진다. 그래서 나는 나의 아이와 함께 유튜브 활동을 시작하게 되었다.

책을 좋아하는 나는 책으로 인해 달라진 나의 가정과 우리 아이의 변화에 대해서 나뿐 아니라 우리나라 모든 부모가 함께 깨닫고 변하길 원했다. 이런 소박한 마음으로 〈빛나는 책엄마 TV〉 유튜브 활동을 시작했다. 나의 유튜브 활동에 아이는 자신도 유튜버가 되고 싶다고 조르기 시작했고, 모든 경험은 소중하고, 실패든 성공이든 직접 해봐야 포기도 끈기도 생기는 것이라는 생각에 아이도 〈책아이TV〉라는 유튜브 활동을 함께 하고 있다.

책으로 변화된 나의 가족들과 함께 새로운 인생 2막을 살게 된 나는 이렇게 유익한 책을 읽고 독자로서만 살아갈 것이 아니라 나도 책을 만들어야겠다고 다짐했다. 이런 과정에서 나는 『나는 독서 재테크로 월급 말고 매년 3천만 원 번다』의 안명숙 작가님의 책을 보게 되었고, 그 외에도 우리 집에 경제 공부를 위해 구매했던 『마흔의 돈 공부』의 단희쌤, 『엄마의 돈공부』 이지영, 『9등급 꼴찌, 1년만에 통역사된 비법』 장동완, 『아빠 육아공부』 양현진, 등등 지금까지 소개한 작가님들과 내가 최근 접하는 수많은 책, 그 외에 더 많은 베스트셀러 작가들의 스승님이 김태광 대표님이라는 것을 알게 되었다.

이후 나는 〈김도사TV〉, 〈네빌고다드TV〉를 매일 시청하면서 멀리 계신 김태광 대표님을 영상으로만 만나다가 올 6월 분당 한책협으로 책 쓰기 1일 특강에 참여하면서 바로 '책 쓰기 과정'까지 수강했다. 울산에서 분당까지 매 주말을 오가면서 코칭을 받는 것이 쉬운 일은 아니었다.

하지만 유익한 콘텐츠만 있다면 해외 진출도 용이해지고, 이렇게 된다면 영미권뿐만 아니라 전 세계에서 나의 책을 판매하는 것이 가능해지고, 미국에 계신 나의 외삼촌도 영어로 발간된 나의 책을 구매해보고 나와 내 아이의 유튜브를 애청하는 날이 올 것이라는 기대에 나는 즉시 행동하고 실천했다.

‐ 사람과 똑같이 생겼으며, 사람처럼 감정을 표현하고 대화하는 삼성

의 인공인간 '네온'이 탄생했다. 네온은 특정 업무에 도움이 되도록 개인화할 수 있으며, 추후 의사, 승무원, 요리사, 교사, 배우, 은행원, 아나운서 등의 역할을 맡을 수 있다. 네온은 스스로 사용자의 목소리를 합성, 한국어를 영어 · 중국어 · 일본어 등 외국어로 통역한 음성으로 내보낼 수 있다.

- LG전자에서는 냉장고에 비어 있는 음식 재료를 알아서 주문해주는 AI냉장고가 나왔다. 냉장고 안에 설치한 카메라로 식품을 인식해서 우유나 계란처럼 자주 사먹는 음식이나 재료를 구매 시점을 예상하고 스스로 구매한다.

- 자리 안내와 서빙을 직접 하는 로봇의 모습도 강남이나 부산 같은 대도시에서는 이제 흔해진 광경이다.

이런 뉴스와 모습이 생소하다면, 당신은 시대에 아주 많이 뒤처진 것이다. 앞서 열거한 내용과 제품은 CES 2020 세계 최대의 첨단제품 박람회 '소비자 가전쇼'에서 선보인 것이다. 삼성, LG, 현대자동차 등의 국내 기업에서 개발된 제품도 많고, 대부분이 상용화를 앞둔 상태다.

아이들은 부모의 모습을 보면서 자라난다고 한다. 우리는 학교를 다니기 시작하면서부터 빠른 변화에 바로 적응하는 '변화의 시대'를 겪어온 1990년대 사람들이다. 지금은 코로나19 바이러스로 인해 또다시 세계는 급변하고 있다. 이런 세상에서 내가 배운 방식과 옛날 공부법을 강요하며 아이들을 가르쳐서는 안 된다. 아이의 흥미를 찾고 적성을 찾게 된다면, 꼭 그 재미를 버리고 서울대 가라고 할 필요가 없는 시대이다.

전교생이 14명뿐인 정읍의 시골 초등학교 4학년 학생이 드론 경진대회에서 성인을 제치고 우승을 차지했다. 이 학생은 유튜브로 드론을 독학하고, 이후 코딩과 인공지능을 배워 자율주행하는 드론을 제작했다. 자체 제작한 드론으로 논에 약을 뿌리는 시스템을 개발한 것이다. 실제로 요즘 잘나가는 IT 기업들은 학벌을 따지지 않는다고 한다. 급하니까 현장에서 바로 사용 가능한 실력 있는 인재를 채용한다는 것이다. 이런 공식은 앞으로 일반화될 것이며, 코로나로 인해 더욱 가속화되었다. 그렇게 된다면 명문고, 서울대가 무슨 필요 있겠는가 싶다. 게다가 온라인 수업까지 일상이 되어버린 시국에 명문 학교라는 간판은 이제 필요 없어질 것이다.

이런 사례를 접한 『포노 사피엔스』의 저자인 성균관대학교 기계공학부 최재붕 교수는 기업이 원하는 미래형 인재는 이제 학벌에 개의치 않을 것이라고 했다.

'무조건 아이에게 공부해라. 성적이 잘 나와야 좋은 대학 간다. 좋은 대학 나와야 취직이 잘 된다. 취직해야 결혼할 수 있다'는 말은 우리가 오래전 부모에게 들은 고리타분한 옛날이야기일 뿐이다. 우리 아이들의 미래는 자신이 좋아하고 재미있어 하는 공부로 돈도 벌고 재미도 느끼며 평생 보람차게 살 수 있는 세상이다. 그러니 공부를 놀이처럼, 놀이를 공부처럼 즐기도록 해주자.

7 방과후 수업으로도 SKY대학 갈 수 있다

명확한 목표와 상상의 힘으로 공부는 쉽고 재미있어진다

매일매일 반복해서 목표를 생각하고 일상의 작은 습관으로 실천해나가면 목표는 마법처럼 현실이 되어 다가온다. 마라톤이나 달리기를 할 때 골인 라인이 보이면 저절로 마지막 혼신의 힘을 더 쏟게 된다.

목표가 바로 눈앞에 보이기 시작하면 더욱 동기부여가 되고 성취를 향한 노력이 2배가 되기 때문이다. 우리가 흔히 등산을 갈 때도 마찬가지이다. 함께 산을 타고 올라가면서 가장 많이 듣고, 하는 질문이 '정상까지 얼마나 남았냐?'는 것이다. 이런 질문을 받게 되면 일행들뿐 아니라 산을 타고 내려오던 타인도 똑같이 대답해준다. "힘내세요! 정상이 바로 앞이에요. 얼마 안 남았어요."라는 이야기를 숱하게 주고받는다.

긍정적인 사람은 부정적인 사람보다 더 크고 많은 능력을 발휘하고 자신의 잠재력을 실현한다. 당연히 긍정적인 학생이 부정적인 학생보다 공부를 더욱 잘하게 된다. 과거의 나와 내 친구가 그러했다. 시험 중에 실수를 하더라도 나는 '다음에 잘해야지, 2개 틀렸네.'라고 생각하고 다음 날 시험공부에 다시 집중할 수 있었다. 그렇지만 부모님이 모두 교사였던 그 친구는 한 문제 틀린 것을 가지고, "하나 틀려서 어떡하지? 100점 못 맞아서 큰일 났다."라면서 종일 공부에 집중할 수 없었고 다음 날 시험에도 영향을 주게 되어 늘 시험 컨디션이 엉망이었다.

예일대학교 교수였던 클라크 헐은 이렇게 '생각이 현실로 나타나는 것'을 과학적으로 증명하기 위해서 쥐를 이용해 실험을 했다. 그때 쥐들이 미로에서 출구에 가까워질수록 속도가 확연히 빨라진다는 사실을 발견했다. 출구에는 음식물을 뒀는데, 출구가 가까워질수록 쥐들의 행동이 더욱 빨라지는 것이다. 이를 목표의 가속화 효과(goal gradient effect)라고 한다.

그리고 하버드 대학교 심리학교수 윌리엄 제임스는 이렇게 말한다.

"우리의 생각은 부분적으로는 눈앞에 있는 실제 대상에 대한 감각에서 기인한다. 그리고 나머지는 항상 우리의 머릿속에서 일어난다."

현실 세계의 많은 것이 외부 세계에서만이 아니라 내면, 상상 속에서 만들어진다. 긍정지능을 선택해야 하는 이유가 이것이다. 목표를 설정하고 긍정적 순환을 계속 현실 속에서 이루다 보면 결국 원하는 목적지에 빠르게 도착하게 된다. 목표를 가까이 있다고 인식하고, 쉽게 이룰 수 있는 작은 목표부터 설정하고 이뤄나가자. 목표가 가까이 있다고 인식하면 당연히 더 열심히 노력하게 된다. 목표가 진짜로 가까이 있는 것이 아니라, 가까이 있다고 생각하는 것이 중요하다. 그래서 고1부터 우리는 수능까지 2년 몇 개월 남았다고 생각하는 것이 아니라 날짜 수로 환산하여 줄여간다. 목표를 더 가깝게 인식함으로 더 강한 힘과 능력을 발휘하도록 격려하는 것이다.

자신이 이루고자 하는 목표에 대해 긍정적으로 생각하면 동기부여가 강해지고 집중력이 높아진다. 집중력과 동기부여가 높아지면 공부하는 시간에 비해 효율성이 증가한다. 그 이유는 간단하다. 어떤 목표든지 멀리 있지 않고, 가까이 있다고 생각할수록 달성하기가 쉽기 때문이다.

긍정지능의 최우선 요소는 자신감이다. 그렇다면 자신감은 어떻게 생성되는가? 아이가 혼자서 자신감을 키우기는 어렵다. 부모가 자신감을 가질 수 있도록 도와줘야 하며 그 토대는 아이에 대한 굳건한 믿음이다. 아이에게 "너는 할 수 있어. 너는 분명히 잘될 거야."라고 격려하면서 진심을 다해 믿어줘야 한다. 한두 번만 하고 마는 것이 아니라 지속적으로 꾸준하게 언제나 믿어줘야 한다. 긍정적 기대나 관심이 대상에게 좋은 영향을 미친다는 피그말리온 효과는 공부에도 일맥상통한다. 아이는 부모의 믿음과 관심을 먹고 자란다. 부모는 아이와 친밀한 관계 속에서 믿음을 쌓아가야 한다. 과정을 함께하고 꾸준히 믿어주면 아이는 반드시 공부에 자신감을 갖고 성적으로 보여주게 된다.

유대인의 교육에서 보면 아이를 부르거나 소개할 때 아이가 되고 싶은 꿈과 특별한 장래 희망에 대한 것을 덧붙여 호명해준다고 한다.

"이 아이의 이름은 세상의 아픈 사람들을 치료해주는 의사가 될 김서영입니다."
"아인슈타인보다 더 멋진 과학자가 될 김효신입니다."

이건 직업에 대한 강요가 아니다. 이런 소개는 아이가 앞으로 큰일을 할 수 있는 사람이며, 어떤 힘든 일이나 어려움이 생겨도 그것을 이겨낼 수 있을 거라는 긍정의 마음으로 응원하는 교육 방법이라고 한다.

여기서 소개할 이야기는 과학자 아인슈타인의 사례이다. 어릴 적 친구들과 주변으로부터 지능이 낮다고 놀림을 받던 아들에게 그의 어머니는 무엇이든 할 수 있다는 응원과 함께 축복의 말을 아끼지 않았다고 한다. 우리가 지금 알고 있는 천재 과학자 아인슈타인은 그렇게 부모의 응원과 격려의 말로 우리가 기억하는 가장 천재적인 과학자가 된 것이다. 이렇듯이 공부에 자신감을 갖게 되면 긍정적 아이로 변하고, 자신의 미래를 향해 꿈꾸게 된다. 숨어 있던 잠재 능력도 분출할 수 있게 된다.

하나의 예시를 더 들어보겠다. 가장 현실적인 우리나라의 예시이다. 한국의 조남호, 공부 해결사라고 불리는 스터디코드의 대표인 조남호를 아는가? 그가 고1이었을 때, 담임 선생님의 진로에 대한 질문에 서울대를 가겠다고 대답했다가 호되게 혼났다고 한다. 그럴 만한 성적이 아니었기 때문이다. 본인은 남은 3년간의 노력으로 가능하지 않을까 생각했지만, 한국의 교육계에서는 서울대를 초1부터 준비하고 시작하기 때문에 담임은 무리라고 판단한 것이다.

하지만 그의 어머님은 '할 수도 있지. 우리 아들이 서울대 못 갈 이유가 무엇이냐?'라며, "너는 서울대 갈 수 있다."라고 격려해주었다. 고2가 되어도 서울대 갈 만큼의 성적이 되지 않자 스스로 반문하며 고민하는 찰나에도 어머님은 "진짜 공부는 고3부터 하는 거야."라고 응원을 아끼지 않았다고 한다. 정작 고3이 되어도 서울대에 갈 모의고사 성적이 나오지 않았다. 하지만 어머님은 그때도 격려를 아끼지 않으셨다. "진짜 실력은 올림픽 게임 본선에서 잘하는 거야. 수능 날 너의 최고 성적이 나올 거야."

이 격려는 정말 기적 같은 사실이 되어 그는 수능에서 본인 점수 중 최고의 점수를 받고 서울대 컴퓨터 공학과에 진학했다. 칭찬은 고래도 춤추게 하듯이 긍정적인 칭찬과 격려는 기적을 불러일으키기도 한다.

방과후 수업을 잘 활용하면 SKY대학 가기 쉽다

이런 긍정지능을 사용하면서 부모님의 적극적인 지지와 격려까지 받으면, 아이는 공부에 집중과 몰입이 잘될 것이다. 그렇게 학교 수업에 집중하고 방과후 수업으로 심화 과정을 반복 복습하게 하자. 방과후 수업으로 학교 교과 수업의 심화반 수업을 하며 복습의 기회로 삼고, 자신이 학교에서 배운 것을 친구나 유튜브에 설명하면서 가르치며 자신만의 내공을 쌓아가도록 하자.

2015년 우리나라 정부에서 사교육의 과열을 막기 위해서 방과후 특기 적성에 관심을 집중하고 방과후 학교 교사를 많이 지원해주고 있다. 초중고 전체 학교의 11,114개교의 99.9%가 방과후 학교를 운영하고 있으며, 전국 초등학교에서 특기 및 적성 과목을 확대하고 있다. 중·고등학교는 수능과 대학을 목표로 하기 때문에 주로 교과 심화과정반을 방과후 수업으로 진행하고 있으며, 이외의 예체능 방과후 수업은 학생들의 신청으로 만들어지기도 한다.

자신이 스스로 개설한 그룹 동아리 활동이나 학교에서 수강했던 특별한 방과후 수업은 대입 수시 전형에 유리하게 사용되기도 하고, 서울대와 상위권 대학에 들어가는 자기소개서의 내용을 풍성하게 만들어주기도 한다.

학생부종합전형 합격 사례(동아일보 교육법인)를 보여드리고자 한다.

이 책의 사례 모음은 이렇게 구성되어 있다.

합격한 학생의 간단한 프로필과 함께 학종의 중요 평가 요소인 3년간의 본인 교과 내신성적과 자기소개서, 수상 실적이 있다. 그리고 본인이 분석한 스스로의 합격 요인과 더불어 고등학교 시간 중 의미 있었던 활동 3가지가 있다. 주로 독서 활동 활용 방식과 각 대학에서 학생의 독서를 면접에서 어떻게 받아들이는지 알려주며, 교내 동아리 활동과 방과후는 필참하도록 권유하고 있다.

서울대 인문계열 합격한 일반고 학생 김모군은 방과후 체대 입시반 활동을 추천한다.

"가장 의미 있었던 활동은 방과후 체대 입시반 활동이었다. 고등학교에 입학한 이후 따로 운동할 시간을 내기 어려워서 친구들과 재밌게 운동하고자 참여했다. 사실 생각했던 것보다 운동 강도가 세서 처음에는 신청한 것을 후회하기도 했다. 하지만 친구들과 서로 격려하며 꾸준히 운동 하다 보니 체력도 좋아지고 땀 흘리며 하는 운동의 즐거움도 알게 되었다. 뿐만 아니라 고1때 받은 수술로 평소 고민이 많던 체력을 극복한 나의 스토리는 자기소개서에서 도전 정신을 보여줄 수 있는 좋은 소재가 되었다."

이렇듯이 SKY 가는 길은 다양하지만, 그중의 최고 좋은 방법으로 방과후 수업을 적극 활용하라. 방과후 수업으로도 SKY대학 갈 수 있다.

사교육 보내지 말자, 학원보다 학교의 공신력이 크다

나는 어릴 적 사교육을 받은 기억이 없다. 하지만 내 주변에 사교육을 받은 많은 친구들과 친인척을 보았을 때, 그들의 학력이 올라갈수록 나의 독학 실력으로 그들을 따라가기 어렵다는 것을 깨닫게 되었다. 그래서 형편이 된다면 아이들에게 학원을 보내는 것이 맞는지 고민하게 되었다. 그리고 내가 두 딸의 엄마가 된 순간, 나 역시도 주변의 엄마들과 마찬가지로 아이를 학원에 보내야만 하는지 고민이 시작되었다.

다행히 아이의 유치원에서 학원 못지않은 특별 활동 수업을 다양하게 접할 수 있었다. 나는 유치원에서 마치고 온 아이와 함께 부족한 수학이나 영어만 가정학습으로 복습을 했다. 합기도와 피아노 등의 방과후 수업으로 할 수 없는 과목만 현재 학원을 다니고 있다.

학교와 유치원과 같은 공공기관에 방과후 수업을 하는 강사님들은 대학 전공 졸업자가 아닐 경우 해당 과목의 경력 증명이 되지 않으면 채용이 되지 않는다. 이렇게 고학력자, 경력이 우수한 선생님들을 우선 채용하는 학교와 유치원의 방과후 학교에서 아이들을 공부시키길 잘했다고 생각하고 나는 늘 그것을 자랑하고 있다.

다른 학원 등의 사교육을 받고 있는 주변 지인들의 자녀와 내 아이의 친구들을 나도 모르게 비교하게 되고, 그 부모들도 내 아이들을 보면서 자신들이 받는 사교육이 옳은가 하는 의문을 품기도 한다. 그런 의문을 갖게 만드는 것은 내 아이들이 그들의 아이들보다 월등히 좋은 성적을 받고 선생님들의 수많은 칭찬을 받기 때문이다. 남보다 뛰어나게 태어난 아이들이 아니다. 그들과 같은 평범한 아이들로 특별한 교육을 따로 받은 적도 없다. 하지만 내 아이들이 이렇게 남들보다 우월하게 보이는 이유는 오롯이 방과후 학교의 효과라고 나는 자신 있게 말할 수 있다.

학원 강사만큼, 혹은 그보다 더 경력과 전문성이 있고 효과적인 학습 방법을 가진 유능한 선생님들의 가르침으로 내 아이들은 더 똑똑하고 자신 있게 수업에 참여하는 영재 같은 아이가 되어가고 있다.

물론 부족한 부분은 집에서 복습해주는 것을 간과하면 안 된다. 아이를 바르고 크게 잘 키웠다는 강남의 엄마들과 똑같이 아이를 가르칠 수는 없지만, 내 아이를 위해 지금의 내가 할 수 있는 부분을 찾아 최선을 다해주는 것은 가능하다. 그중 내가 했던 것이 복습과 독서였다. 그리고 아이가 좋아하는 것을 아이와 함께 협상하고 조절했으며, 무조건 빼앗지 않고 아이에게 선택권을 주었다.

춤에 관심을 보이는 아이를 위해 방과후 댄스 수업을 시켜주었고, 집에 와서도 춤만 추는 아이를 말리지 않고, 숙제를 완수한다는 약속을 지킨다면 춤추는 것도 허용했다. 아이가 좋아하는 방과후 클레이아트 수업도 시간이 맞으면 허락했으며, 대신 엄마와 수학 연산 문제집을 한 장씩 풀기로 하는 등 아이와의 밀당을 계속하는 것이다. 나는 아이가 원하는 것은 들어주되, 아이도 엄마가 원하는 것을 들어줘야 한다는 밀당을 언제나 하고 있다. 연애하듯 아이와 주고받는 밀당에서 부모가 늘 이길 필요는 없다. 가끔은 아이를 위해 져주기도 해야 아이도 흥미를 느끼고 이런 관계를 오래 지속할 수 있다.

나의 부모님과 시부모님 모두 아이를 키우며 친절하게 소통을 하시던 부모가 아니었다. 모두 생계가 시급하고 돈 벌기에 급급한 부모님이셨다. 그래서 나와 남편은 아이를 키우는 데 완전 초보였다. 우리는 고향이 아닌 타 지역에서 살게 되어 주변에 도움을 받을 만한 좋은 육아 선배도 없었다. 나는 무조건 육아를 책으로 배웠다. 인터넷 맘카페에서 도움을 구하고 조언을 받았다.

연애를 글로 배운 사람은 공감할 것이다. 책으로, 남들의 조언만으로 세상을 직접 겪어나가는 것이 얼마나 힘든 일인지…. 첫아이를 키우는 5년간 수많은 시행착오를 거치면서 나와 남편은 어른이 되어가고 있었다. 아이를 데리고 응급실도 가봤고, 툭하면 병원에 입원하기도 하고, 근무 중 조퇴도 다반사여서 맞벌이를 하는 데 지장이 많았다. 이런 고난의 시간을 거치고 둘째 아이를 키우면서 깨닫게 되었다. '내가 받고 싶었던 돌봄을 내 아이에게 해주면 되겠구나.' 그렇게 나만의 방식으로 아이들을 키우기 시작하자, 어느 정도 성과를 내기 시작했다.

첫째를 키웠던 경험으로 둘째 아이에게 일찌감치 유산균과 철분제를 꾸준히 먹이자, 아이는 5살까지 병원 신세를 지는 일이 없었다. 좀 과하게 건강하게 자라게 되었다. 첫째의 교육에 복습 위주와 독서를 바탕으로 방과후 수업에 충실하자, 아이는 남들보다 우수하다는 칭찬을 받으며 자라고 있다.

첫째를 열심히 교육하는 이유 중 하나는 첫째가 둘째를 잘 가르치고 이끌어주기를 바랐기 때문이었다. 이것 또한 성공적이었다. 어느 날 밤 내가 아파서 힘들어 탈무드를 못 읽어주고 잠들자, 첫째가 동생에게 탈무드를 읽어주고 잠들었다고 한다.

나는 많은 부모들이 아이들을 키워가며 겪을 시행착오를 줄여주고 싶었다. 내가 겪은 어려운 고난의 길을 가능하면 피해가길 바란다. 이런 마음에서 책을 쓰게 되었고, 유튜브 〈빛나는 책엄마TV〉, 네이버TV 〈빛나는책엄마〉를 개설해서 함께 해결책을 이야기하고 있다. 네이버 카페 '사교육 없는 방과후 연구소'와 블로그 '빛나는 작가 곽경빈'도 시작했으며 여러 가지 다양한 채널로 전국의 많은 부모님들과 소통하고 있다.

한 아이를 키우는 데는 온 마을의 정성이 필요하다고 한다. 그렇지만 현시대에 온 마을의 도움을 받기는 어렵다. 하지만 나의 도움을 원한다면 주저 없이 거들고 싶다. 작가 곽경빈, 010-5676-6040으로 연락하시면 내가 도울 수 있는 방법으로 여러분의 고민을 듣고 도와드리겠다.

방과후 수업으로 충분히 우리 아이들을 SKY대학에 보낼 수도 있고, 멀지 않은 미래에 우리 아이들은 저마다 좋아하는 일을 하고 행복하게 돈을 벌면서 살게 될 것이다. 그런 미래를 위해 우리는 신뢰와 사랑을 바탕으로 아이에게 정성과 노력을 기울이면 된다.